ライフサイエンス
Life Science
生命の神秘

芋川　浩 著
Yutaka Imokawa

イラスト
WEB 玉塾　玉先生

木星舎

はじめに

　本書は、生命の基本単位である細胞に関する基礎的な知識を学び、さまざまな生命現象や生体反応のしくみを理解することで、大学を卒業した社会人として身につけるべき生物学的な教養を学ぶことを主たる目的として書かれた教科書である。

　生命とは何か、生物はどのようにして生まれ、生きているのかを最新の医学・生命科学の話題もまじえながら、概説する。これまで生物学をほとんど学んだことのない方に対しても、生物のおもしろさや不思議、神秘といったものを身近に感じてもらい、生き物や生命に対する興味がわくように解説している。また、最新の遺伝子技術や医療技術についての基礎的理解を深められるようにも工夫している。

　本書出版にあたり、家内と娘、私が教鞭をとっている2つの大学の学生諸君、さらに書き始めた頃から応援してくれた芋川ゼミの在学生・卒業生諸君に心から感謝の意を表したい。

　また、本書のイラストを短期間で描いてくれたWEB玉塾　塾長の玉先生、最初から最後まで苦労ばかりかけてしまった木星舎の波多江稿さんへの心からの感謝をここに記させていただきたい。

2019年3月
芋川　浩

CONTENTS ••••••••••••••••••••••••••••••••

まえがき　　　　　　　　　　　　　　　　　　　　　　　　　3

序章 生命とは ― 地球の年齢と人類の年齢　　　　　　　8

1章 生命の基本単位：細胞〈その構造と機能〉

　1.1　細胞説　　　　― 細胞って、誰が最初に見つけたの？　　　11
　1.2　細胞内の構造　― 細胞内小器官　　　　　　　　　　　　13

2章 多細胞生物への道のり ― 体細胞分裂

　2.1　多細胞生物の形成とは　― 多細胞生物の形成とは生殖活動？　23
　2.2　細胞分裂の過程　― 紡錘体って何？　　　　　　　　　　25
　2.3　細胞周期　― 門番がいた！　　　　　　　　　　　　　　28

3章 多細胞生物と生殖

　3.1　無性生殖と有性生殖　― 胞子はタネ？　　　　　　　　　32
　3.2　減数分裂とその特徴　　　　　　　　　　　　　　　　　35
　3.3　精子形成と卵子形成　　　　　　　　　　　　　　　　　37

4章 受精とは神秘の宝庫だ

　4.1　受精は最初から不思議だらけ　　　　　　　　　　　　　40

4.2	先体反応　— サケとカエルの合いの子は生まれるか!?	41
4.3	多精拒否反応　— 精子をたくさんもらっても損!?	42
4.4	カルシウム濃度　— これが白馬の王子現象だ	45
4.5	表層回転　— 1つで3つ	46

5章　からだづくりの神秘 1：初期発生

5.1	前成説と後成説	48
5.2	発　生　— からだづくり	48
5.3	胚　葉	50
5.4	オーガナイザーと誘導	51
5.5	中胚葉誘導	53

6章　からだづくりの神秘 2：ホメオボックス遺伝子

6.1	20世紀最大の発見　— 突然変異とショウジョウバエ	57
6.2	ホメオボックス遺伝子　— からだのマスター遺伝子	58
6.3	ムシの眼、ヒトの眼　— 仮面ライダーの眼、本郷猛の眼	63

7章　からだづくりの神秘 3：子どものころの不思議・疑問はわかったの？

7.1	お父さん指と赤ちゃん指	68
7.2	あんよとおてて	73

8章 生体防御機構としての免疫反応

8.1	白血球とは ― 赤血球は1種類、白血球も1種類？	76
8.2	非特異的生体防御	77
8.3	特異的生体防御	80
8.4	免疫とアレルギー	86
8.5	免疫とがん	86

9章 がん

9.1	がんとは ― 正常な細胞とどこが違うの？	88
9.2	がんの原因	90
9.3	がん遺伝子 ― がん遺伝子は本当に悪なのか？	93
9.4	がん抑制遺伝子 ― がん抑制遺伝子はスーパーヒーローか？	97
9.5	がん形成のメカニズム ― がんはどうして高齢者に多いのか？	102

10章 神経系の構成と機能

10.1	神経系の構成	108
10.2	反 射	109
10.3	自律神経系	110
10.4	神経の構造	111
10.5	膜電位（静止電位）と活動電位 ― アクティブなのはどっち？	112
10.6	シナプスでの興奮伝達	117

11章 老化と寿命

    11.1   生きること・死ぬこと   122
    11.2   ネクローシスとアポトーシス   123
    11.3   アポトーシスとアヒル   123
    11.4   ネクローシスとアポトーシスの違い   125
    11.5   アポトーシスの例　― 死ぬからこそ生きる   126
    11.6   アポトーシスの実動部隊　－カスパーゼ   129
    11.7   アポトーシスの引き金   130
    11.8   老　化　― すべての生物は老化するか？   131
    11.9   早老症   132
    11.10   老化とカロリー制限   133

参考文献   136
索　引   139

＊　＊　＊

coffee break-1	カメムシは自分の臭いで死んじゃうの？	10
coffee break-2	かぐや姫の作者はだれ？	22
coffee break-3	雨の日によく見かけるアメンボウ。でも、どうしてアメンボウって呼ばれるの？	31
coffee break-4	三つ葉のクローバーは外来種？	39
coffee break-5	冬の松の木になぜワラを巻くの？　寒いから？	56
coffee break-6	トンボはくるくる指をまわすと、本当に目をまわすのか？	66
coffee break-7	馬の走り方	74
coffee break-8	真核生物の遺伝子は無駄が多い!?	106
coffee break-9	イルカはどうやって寝ているの？	121

序章　生命とは ― 地球の年齢と人類の年齢

　生物、とくに生命というものに関する不思議や神秘は尽きることがない。たとえば、生命はどのようにして誕生したのだろうか？　また、われわれヒトはどのようにして進化をしてきたのだろうか？

　生物のからだは無限の広がりをもつ宇宙にたとえられ、**小宇宙**とも呼ばれることもある。なぜならば、生物のからだの構造は、個体からはじまり、それを構築する器官や組織、さらにそれらをつくりあげていく細胞、さらにその細胞の中の細胞内器官という構造物、そしてその細胞内器官の中にある遺伝子やタンパク質といった分子、その分子によって形成される分子間相互作用というように、からだをつくる構造についてさえも無限に続いていく。理解すればするほど、生物のからだは複雑でかつ精巧であり、その機能やメカニズムはわれわれの理解の域をはるかに超えているものばかりだ。この生物の巧妙な構造や機能を理解すればするほど、神の存在をも想定しなくては解釈できないほどに、生命やその生命現象は精巧でかつ神秘的である。それら生命の神秘については、あとの章でより詳しく述べていきたいと思う。

図
アルディピテクス・ラミダス

　図の挿絵を見ていただきたい。これが何のイラストかわかるだろうか？　サル？　たしかにサルのようにも見えるが、ある猿人をイラストにしたものである。この猿人は、アル

序章 生命とは

ディという愛称でよばれ、アフリカ・エチオピアのアファール盆地の一角の地層から発見された、**アルディピテクス・ラミダス**という猿人である。アルディピテクス・ラミダスは現時点で人類の最古の祖先といわれている。

このアルディが生きていたのは今から 440 万年前のむかしであり、これまで最古といわれていた**アウストラロピテクス・アファーレンシス**よりもさらに 100 万年以上も前に、地上に存在したといわれている。

440 万年という時間は、われわれの通常の時間感覚からすれば気の遠くなるような時間であるが、ではそのアルディが生まれた時期とは地球や宇宙の一生と比較したら、どの辺りにあるのかを考えてみよう。

宇宙が誕生したのが、138 億年前のビッグバンだとして、われわれの銀河系が誕生したのが 100 億年前、太陽系として地球が誕生したのが 46 億年前である。しかし、この時期にはまだ地球に生命は存在していない。生命が誕生するのはそれからさらに 6 億年後の 40 億年前といわれる。当時の地球にはまだ酸素もなく、太陽からの紫外線が激しく降り注ぐ状態であったと考えられている。

その地球に酸素を合成できる光合成が行われるようになったのが 27 ～ 28 億年前。そして、それから何十億年もくだった 440 万年前にやっと人類の祖先としてアルディが誕生したのである。

アルディが生まれた時期を地球の一生と比較してみよう。そこで、わかりやすくするために、現在までの地球の一生の長さを 50m という長さにたとえてみたい。その場合、人類が誕生したのは、地球の一生の長さである 50m のうちの何 m のところにあるだろうか？ じつは、1m にも満たない 4cm ほどしかない。すなわち、地球の歴史からすれば、人類の歴史は 50m うちのわずか数 cm しかない。地球の一生からすれば、人類の歴史などは 50m のなかの誤差範囲かもしれない。

宇宙での他の生命体の存在はまだまったくわかっていないが、この地球において生命が誕生したことを考えれば、地球外生命体がこの広い宇宙のどこ

かにいたとしてもまったく不思議ではない。この地球でも何千万種類以上もの生物が誕生してきた。これら生物は、それぞれ異なる形態をもち、異なる場所で生活し、一見まったく異なるような生命現象を営んでいるように見える。しかし、この地球で生活している生物には生命体として重要な共通点がある。それは何か？ それは地球上の生物すべてに共通した基本単位である**細胞**からできていることである。次章からは、その生命体としての基本単位である細胞の話から始めたい。

カメムシは自分の臭いで死んじゃうの？　COFFEE BREAK-1

　これは、私が某私立大学の非常勤講師を始めたばかりのときに生徒から寄せられた質問です。普段は自家用車でその大学に出勤しますが、その日は私用で電車で出勤しました。その帰宅途中に電車の中で読んだ質問が、これです。あまりにもふざけたような内容に思えて、思わず「そんなわけないだろ!?」と大きな声を口にしてしまい、とても恥ずかしい思いをしたくらいです。

　しかし、私も答えを知らなかったので、少し調べてみることにしました。すると、某国立研究所でカメムシが自分の臭いで死ぬかどうかを調べていて、その報告がその研究所のホームページにあったのです。詳しくは省略しますが、アリとカメムシを同じ瓶に詰めて、窒息しない環境でカメムシをいじめると、アリもカメムシも死んでしまうという結果でした。私はその時、2つの点で驚きを隠せませんでした。1つは、カメムシは本当に自分の臭いで死ぬのだという点。もう1つは、そのようなことを国立の研究所が国の予算を使って研究しているのだという点です。

　カメムシの臭いは、アルデヒドであり確かに有毒ですが、まさかカメムシ自身まで死ぬとは思いませんでした。実際には、カメムシがそのようなアルデヒドの刺激臭を放つのは、仲間に危険が来ていることを知らせるための防御システムなのです。

　しかし、この質問が、実はさらに「へえー！」というおもしろい展開を見せるのですが、それは、本書を読み進め、このあとのコーヒーブレイクのなかで見つけ、楽しんでいただきたいです。

1 章　生命の基本単位：細胞〈その構造と機能〉

1.1　細胞説　— 細胞って、誰が最初に見つけたの？

　生物のからだの構造は、よく小宇宙にたとえられると前章で述べたが、すべての生物（生命体）に共通で、かつもっとも基本となる単位が存在する。それが**細胞**である。地球上には1つの細胞自体がそのまま1生命体となっている単細胞生物が存在するが、多くの細胞の集合体としてからだが構成されている多細胞生物も存在する。それらすべての生物に共通している生物の基本単位が細胞である。

　この細胞を最初に観察したのがイギリスの科学者**フック**である。フックは図1-1にあるような自作の複式顕微鏡を使ってさまざまなものを観察した。それら動植物の微細構造図を『顕微鏡図譜（Micrographia）』として出版し、ベストセラーとなっている。そのなかに、顕微鏡で見たコルクの図があり、そこに見えた多数の小さな部屋のような空間を**細胞**（cell、セル）と名付けた（1665年）。セルはラテン語で小部屋という意味をもつ "cellula" からとった言葉で、これが細胞の語源になったのである。ちなみに、このフックは物理の教科書でもよく出てくる「弾性の法則（フックの法則）」を見つけたフックと同一人物である。

　また、もう1人、細胞の発見者として忘れてはならない人物がいる。それはオランダの織物業商人である**レーウェンフック**である。彼は大学などアカ

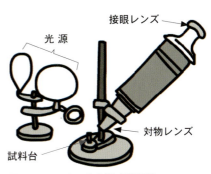

図1-1　フックの自作複式顕微鏡

デミックとはまったく関係のない一般人だった。しかし、レーウェンフックは図 1-2 のような独特な形をした単レンズ顕微鏡を独自で製作し、原生動物、細菌、淡水性の藻類などに加え、赤血球やその核などを詳細に観察し、イギリス王立協会に報告している。その結果、1680 年に王立協会会員として迎えられ、学者でもないレーウェンフックが、ヒトの赤血球の発見者としてその名を歴史に残すことになる。

　このような顕微鏡を用いた観察を経て、動物や植物に限らず、細胞こそが生物を構成する基本単位であるという「**細胞説**」が提唱された。ドイツの植物学者**シュライデン**は植物の観察をまとめ、1838 年にすべての植物は細胞から構成されていると発表した。翌 1839 年には同じくドイツの動物学者**シュワン**が、動物もすべて細胞から構成されていることを発表した。
　その後、ドイツの病理学者**ウィルヒョー**により、細胞はすでに存在する細胞から細胞分裂により生じることが示された（1858 年）。このあとフランスの細菌学者**パスツール**の生物自然発生説の否定（1861 年）とあいまって、細胞こそが生物の最小単位であると認識されるようになった。

　細胞説は、以下の 3 つの提唱から成り立っている。
　①細胞は生命の最小単位である、②すべての生物は細胞から構成されている、③細胞はすでに存在している細胞からのみ生成される。この細胞説により、細胞生物学の基礎が築かれたといえる。

図 1-2　レーウェンフックの単レンズ顕微鏡

1.2　細胞内の構造 ― 細胞内小器官

生体内の細胞は必ずしも1種類ではなく、非常に多くの種類が存在している。たとえば、図1-3のように、神経細胞や骨格筋細胞のように特殊な形をしているものもあり、必ずしも球形のものばかりというわけではない。

生物の種類や生体内の存在する場所により大きく異なることもあるが、細胞の平均的な大きさは直径でおよそ1μm（マイクロメートル）から1mm（ミリメートル）の範囲である。ヒトの細胞の平均的な大きさは約20μm程度といわれているが、そのなかで最も大きな細胞の1つである卵細胞は直径150〜200μ

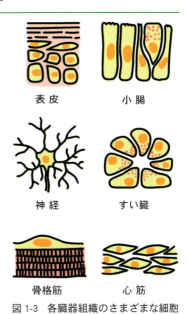

図1-3　各臓器組織のさまざまな細胞

mの大きさをもっている。細胞のなかには、この卵細胞のように肉眼で見えるものもあるが、ほとんどの細胞は顕微鏡を利用しなければ観察できない。

顕微鏡は大きく分けると、**光学顕微鏡**と**電子顕微鏡**の2種類がある。これから説明する細胞内の構造物である**細胞内小器官**のほとんどは、ある種の染色技術の使用により光学顕微鏡でも見えるようになるものや、電子顕微鏡によって非常に高倍率にまで拡大してはじめて観察できるものである。単に光学顕微鏡を使って確認できるのは、**核**と呼ばれる細胞内小器官くらいである。

代表的な細胞内小器官について説明していこう。図1-4は動物細胞を模式的に示したものである。そこに見られる主な細胞内小器官には、①核、②ミトコンドリア、③小胞体、④ゴルジ装置などがあり、生命の維持に重要な働きをしている。

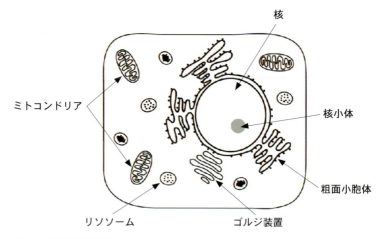

図1-4 動物細胞の構造

▶▶ 1.2-1　核 ─ DNAの長さって、どのくらいなんだろう？

　細胞内には、核膜という膜で囲われた**核**と呼ばれる構造物が存在し、その核のなかには、生命体の設計図である遺伝子が存在する（図1-5）。遺伝子は**デオキシリボ核酸（DNA）**と呼ばれる物質でできており、遺伝子としてのDNAはとても長いため、**染色体**と呼ばれる構造として核のなかにコンパクトにしまい込まれている（図1-6、図1-7）。この際、**ヒストン**と呼ばれる塩基性のタンパク質が収納するための重要な働きをしている。

　また、その核のなかには**核小体（仁）**と呼ばれる構造体が、核1個あたり

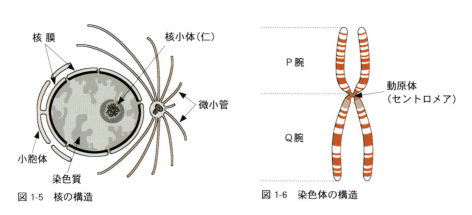

図1-5　核の構造　　　　　　　　　図1-6　染色体の構造

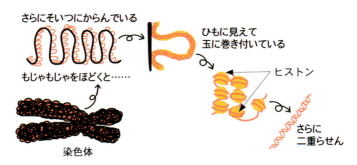

図 1-7　染色体のでき方 ―― 二重らせんと染色体の関係

1〜2個ほど存在している。この核小体の働きはまだよくわかっていないが、**リボ核酸（RNA）**に富んでおり、何らかの重要な働きをしていると思われる。

　核のなかに存在する染色体には、通常、**常染色体**と**性染色体**の2種類が存在する。常染色体とは雌雄に共通して存在する、生命体の維持に必須な染色体であり、それが1本でも欠けると致死となる。それに対し、性染色体とは雌雄など性の決定にかかわる染色体であり、雌雄により持っている性染色体の種類や数が異なる。ヒトの場合、常染色体が44本、性染色体が2本あり、合計で46本の染色体が存在する。

　また、常染色体には、**相同染色体**と呼ばれるまったく同じ染色体が常に2本ずつ存在する。それは、受精の際に父方と母方からそれぞれ1本ずつ同じ染色体を受け取るためである。ヒトの場合、常染色体は22種類存在し、それぞれに2本ずつの相同染色体が存在するため、常染色体の本数は合計で44本となる。それに性染色体が2本加わるため、ヒトの染色体数は46本となる。

　このような染色体は、じつは遺伝子であるDNAのみで形成されているのではない。図1-7で示されている矢印と逆の順番で見ていくとわかりやすいかもしれない。右側にある**二重らせん構造**をしたDNAの鎖が、オレンジ色のヒストンという塩基性のタンパク質に巻きつき、数珠のような構造ができあがる。しかし、DNAは長いため、その長い数珠状のひもはさらに折りたたまれ、何度も何度も折りたたまれた結果、最終的に染色体の構造になる。

このように幾重にも折りたたまれることにより、非常に長い DNA が整然とかつコンパクトに細胞の核のなかにしまい込まれている。

ちなみに、ヒトの核のなかには 1 細胞あたり約 2m の長さの DNA がしまい込まれているといわれている。それほど長いものが 20μm にも満たない細胞のさらに小さな核のなかに収納されているのは驚きである。さらに、そのコンパクトに折りたたまれた DNA が絡まることもなく、必要なときに必要な遺伝子のみを利用できることもとても不思議ではないだろうか？

▶▶ 1.2-2　ミトコンドリア　—　僕、寄生虫なんです

ミトコンドリアは袋状のだ円形をしており、その外膜のなかにひだ状の内膜をもつ構造体である（図 1-8）。このミトコンドリアの重要な機能は、細胞が生きるために必要なエネルギーを生産することである。細胞は、ミトコンドリアがつくりだす**アデノシン三リン酸（ATP）**という物質を**アデノシン二リン酸（ADP）**とリン酸に分解する際に発生する高エネルギーを利用して、すべての生命活動を行っている。ミトコンドリアは酸素を利用して、**クエン酸回路（TCA 回路）**と**電子伝達系**による**酸化的リン酸化**という化学反応を行い、ATP というエネルギー物質を生産している。この生体内化学反応にかかわるすべての酵素が、ミトコンドリア構造内の**基質**や**クリステ**という構造に局在している。

さらに、このミトコンドリアは細胞内小器官であるにもかかわらず、ミトコンドリア独自の遺伝子 DNA をもっている。これは何を意味するのか？ じつは、ミトコンドリアは太古のむかしにわれわれの祖先の細胞に寄生した生物なのである。

生命体にとって酸素がまだ毒だった時代、その毒である酸素を利用し、エネルギー物質

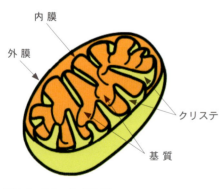

図 1-8　ミトコンドリア

を産生できるミトコンドリアという生物が地球に誕生した。われわれ生物は、生きていくためにエネルギーが必要であり、そのエネルギーを産出できるミトコンドリアが、われわれの祖先の細胞にとってきわめて重要であったのだろう。そのため、このミトコンドリアを細胞内に取り込んだのではないかと考えられている。もしくはミトコンドリアはエネルギー生産としては優れていたが、まだ不完全な生物だったため、われわれ祖先の細胞のなかに住み着いたのではないかと考えられている。

このようにほかの生物が共存というかたちで別の生物の中に入り込む現象を**細胞内共生**と呼んでいる。なお、ミトコンドリアは独自のDNAを持っているため、自分で増えることもできる。生命の神秘や不思議を感じさせる細胞内小器官である。

▶▶ 1.2-3　小胞体

小胞体は核膜につながる袋状の細胞内小器官である（図 1-9）。小胞体にはその膜上に**リボソーム**という粒子が存在する**粗面小胞体**と、それが存在しない**滑面小胞体**が存在する。重要なことは、この粗面小胞体上にあるリボソームこそが、生物の主要構成成分であるタンパク質を合成する場であることだ。

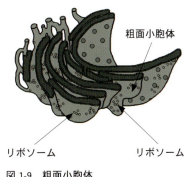

図 1-9　粗面小胞体

▶▶ 1.2-4　ゴルジ装置（ゴルジ体）── 運送トラックのなかの化粧室

ゴルジ装置（ゴルジ体）は、前述の小胞体からちぎれた小さな袋状のものが集まったような構造をしている（図 1-10）。ゴルジ装置は小胞体で合成された分泌性のタンパク質などを輸送する働きをしている。したがって、単なる袋ではなく、シス側（細胞の中心側）とトランス側（細胞の外側）という方向性をもっており、適切に細胞の外に分泌性タンパク質などを輸送している。また、ゴルジ装置は、分泌性のタンパク質などを輸送する際に、そのタ

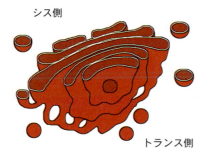
図 1-10　ゴルジ装置

ンパク質に糖鎖や脂質などを付加させるところでもある。

　このように合成されたタンパク質に糖鎖や脂質などをつけることを**修飾**といい、修飾はタンパク質が本来の働きをするためのとても重要な反応である。すなわち、ゴルジ装置という運送トラックのなかで、細胞の外に出る準備としての化粧（修飾）をするところでもある。

▶▶ 1.2-5　その他の構造物

　ここまでは高校でも学ぶ主な細胞内小器官であるが、細胞内小器官にはまだまだいろいろな構造物が存在している。そのなかでとくに重要なものをここで2つ紹介しよう。

　図 1-3（13ページ）に描かれているような動物細胞は、前述したとおり必ずしも球形とは限らず、神経細胞のように特殊化した形や構造をもつものも存在する。

　このように細胞が種々の形を形成するためには、単に核が存在したり、ミトコンドリアがあるだけでは不可能である。また、細胞のなかは空洞ではなく、単に水が詰まっているだけでもない。細胞膜のなかを満たし、細胞内小器官を包んでいるものが存在する。それが**細胞質**であり、各細胞内小器官をも含んだ状態で呼ばれることも多い。

　中学校の理科などで学んだ**原形質流動**は、その細胞質の動きのことである。しかし、単なる液体のようなものが満たされているだけではアメーバのような動きも、神経細胞のような特殊な形も形成されない。何かを動かしたり、形を固定したりするものが必要である。それはいったい何だろうか？　それが**細胞骨格**という聞きなれない細胞内小器官である。

1 章　生命の基本単位：細胞〈その構造と機能〉

▶▶ 1.2-5a　細胞骨格　― ふけや垢の正体

じつは細胞内には、**細胞骨格**と呼ばれる線維状のタンパク質が張り巡らされ、細胞の形を決めたり、細胞を動かしたりしている。細胞骨格は大きく分けると、**微小管**、**アクチンフィラメント**、**中間径フィラメント**がある。

これら 3 種類の細胞骨格は、細胞内に存在する場所も働きもそれぞれ異なるが、細胞はこの細胞骨格の働きにより細胞独自の形態や機能を発揮できる。たとえば、次章で述べる「**細胞分裂**」も一時的に細胞の形が大きく変わり、細胞が 2 つになる現象である。この現象も細胞骨格がなければ、決して成立しない生命現象である。つまり、細胞は、細胞骨格という細胞の骨のような働きをするタンパク質をもっているからこそ、いろいろな機能を発揮できるのである。細胞骨格の働きの例として、微小管は細胞分裂に、アクチンフィラメントは細胞の捕食や排出にかかわっているといわれている。

また、シャンプーの宣伝などでよく知られているケラチンとは、細胞骨格を構成する中間径フィラメントの一種である。ふけや垢は皮膚などの上皮細胞が死んで、細胞骨格のみが残った死細胞の残骸である。よって、ふけや垢はほとんどが細胞骨格タンパク質であるともいえるかもしれない。

▶▶ 1.2-5b　細胞膜　― コレステロールは正義の味方！

生命は太古の昔に、海という液体のなかから自然発生的かつ偶発的にできたと考えられている。では、同じ水とタンパク質からできている生命はどのようにして海のような液体から分離・独立できたのだろうか？

生物は主に水とタンパク質からできていると述べたが、その水とタンパク質からできている細胞が、水からできている海より分離・独立するためには、**細胞膜**という脂質の膜が必要であった。すなわち、細胞は細胞膜というリン脂質の二重膜によっておおわれることで、1 つの生命体として分離・独立したと考えられている。つまり、細胞膜は**リン脂質二重層**という構造をしており、生物にとって必須の細胞内小器官なのである。

その細胞膜は、海と細胞を隔てている単なる二重の膜ではない。細胞膜には**膜タンパク質**と呼ばれる多種類のタンパク質が局在し、糖が連なった糖鎖

などとも結合しており、外界（細胞の外側、たとえば海。また多細胞生物ならば、ほかの細胞）と物質の交換や情報の交換などを行っている。膜タンパク質には、細胞内外の物質の交換を行うための**チャネルタンパク質**や**運搬タンパク質**、情報の交換などを担う**受容体（レセプター）**など、さまざまな機能をもつものが多数存在する。図1-11は細胞膜の模式図だが、非常に多くの物質が存在しているのがわかると思う。

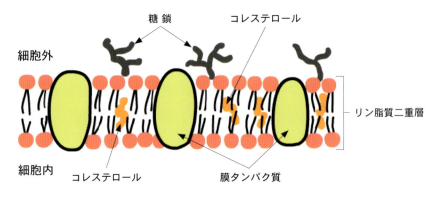

図1-11　細胞膜

さらに、細胞膜には膜タンパク質以外にも必須な構成成分として**コレステロール**が局在している。リン脂質二重層自体はとても弱い構造物で、壊れやすい。しかし、コレステロールが細胞膜内に局在することにより、リン脂質二重層はより強くなる。すなわち、コレステロールは、悪役などではなく、細胞膜をより強固に壊れにくくする働きをする、細胞膜にとって必須な物質である。

これらが、動物細胞での主な細胞内小器官である。次に、植物細胞について簡単に説明したい。

▶▶ 1.2-5c　植物細胞 ── ここにも寄生虫が住んでいる!?

地上に生息する生物は動物だけではない。植物も地上に住む立派な生物である。植物は動物と違い、「動く」という特殊な能力をもたないが、細胞か

らできているという点からも、多くの点で動物と共通している。

　植物細胞が動物細胞と大きく違うところは次の2つである。
　1つが、**葉緑体**の存在である（図1-12）。植物は、この葉緑体を細胞内にもつことで光合成を行うことができる。葉緑体が行う光合成には**明反応**と**暗反応**という2つの反応がある。明反応は太陽の光エネルギーを利用した**光合成電子伝達系**により、前述したエネルギー物質である**アデノシン三リン酸（ATP）** を産生する反応である。それに対し、暗反応とは**炭素同化反応**のことであり、明反応で得られたATPのエネルギーを利用し、二酸化炭素から炭水化物を合成する反応である。この炭水化物こそがわれわれ生命が生きるために一番必要な栄養源となっている。この明反応と暗反応は葉緑体の内部構造である、**グラナ**と**ストロマ**でそれぞれ行われる。
　じつは、驚くことに、この葉緑体も独自のDNAをもち、独立して増えることができるのである。つまり、この葉緑体も太古の昔、植物の祖先の細胞に住み着いた寄生生物である。

　植物細胞と動物細胞の大きな違いの2つ目は**細胞壁**である。この細胞壁は植物細胞の細胞膜の外側にあり、セルロースでできた膜様の構造物である（図1-12）。この細胞壁が細胞膜の外側を固くおおうため、植物細胞と動物細胞で細胞分裂の仕方に違いが生じる。
　動物細胞は細胞分裂の際に核が分裂したあと、ちぎれるようにして2つの細胞になる。しかし、植物細胞は2つの細胞にちぎれるような分かれ方はせず、細胞壁で半分に仕切りをつくるようにして2つの細胞に分かれる。栄養学でいう食物繊維であり、生物学では植物繊維

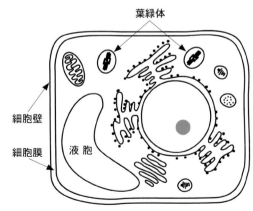

図1-12　植物細胞の構造

と呼ばれているものは、主にこの細胞壁からできた繊維物質である。

このように、地球上の生物はすべて細胞という基本単位からできている。しかし、実際にわれわれがよく目にする生物はその基本単位である細胞そのものではなく、その細胞の集合体である多細胞生物である。

次章からは、その多細胞生物がどのようにして形成されるのかについて説明していこう。

 かぐや姫の作者はだれ？　　　　　　　　　　COFFEE BREAK-2

『竹取物語』は、知らない人がほとんどいないほど有名な日本の物語ですね。
　竹の中から生まれたかぐや姫は、おじいさんとおばあさんに育てられ、とても美しい女性となり、たくさんの人から求婚されます。最後には帝(みかど)からも求婚されますが、それを断り月の世界に帰っていきます。
　じつは、この物語、いつ誰が書いたのかはわかっていません。ただわかっているのは、日本最古の物語の1つであるということです。
　では、この物話には、少し変わったうわさがあるのを知っているでしょうか？　最古の、そして作者不詳の物語。じつは、宇宙人、もしくは、高度な文明をもっていた古代人が書いたといううわさがあるのです。まさかと思われる方も多いと思いますが、少し科学的に考えてみましょう。
　かぐや姫は竹から生まれましたよね。じつは、竹の染色体の数は、ヒトやサルと同じか非常に近い数なのです。われわれの身近にそのような染色体数をもつ植物はあまりありません。つまり、作者は、その事実を知っていた可能性があるのです。「また、いい加減なことを言って！」と怒られるかもしれません。しかし、かぐや姫の成長速度はどうでしたか？　すごい速度で成長しましたよね。そしてあれだけお世話になったおじいさんとおばあさんをおいて、最後は月、つまり宇宙に帰りましたよね！　当時、一番の権勢を誇った帝さえも相手にならず、悠々と月(宇宙)に帰っていきました。
　ここまで読めば、少しは真実みを帯びてきましたか？
　本当かどうかはわかりません。しかし、理にはかなっているのです。なんといっても、かぐや姫は染色体数がヒトやサルと同じ竹から生まれたのです。それを知っている、もしくはそれを分析できるほどに高度な文明をもっていた何者かがこの話をつくった。そして、その人たちは、宇宙へと戻っていった。
　本当のような、うそのような話。信じるか、信じないかは、お任せします。

2章　多細胞生物への道のり ― 体細胞分裂

2.1　多細胞生物の形成とは ― 多細胞生物の形成とは生殖活動？

われわれが日常見ている生物は、ほとんどが多細胞生物である。しかし、ほとんどの人は、多細胞生物として活動していることに何の不思議も感じていない。では、多細胞生物とはいったいどのように形成されるのだろうか？

受精卵の**卵割**（胚発生過程）と単純に答えないでほしい。そこには生命の大変革があったはずなのだ。生物は前述したように、細胞という生命の基本単位からできている。その細胞がたくさん集まれば多細胞だが、それでは単なる烏合の衆と同じである。たしかに、単細胞が集まって多細胞生物様集合体になっている生物も存在する。しかし、多くの多細胞生物は、単なる単細胞の集合体ではなく、いろいろな細胞がそれぞれ違う形や働きをもち、それらがすばらしい調和と協調のもとにネットワークを形成しながら生きているのである。

それでは、そのような多細胞生物は実際にどのようにして形成されるのであろうか？

答えは**細胞分裂**である。この細胞分裂により、単細胞は多細胞になっていく。話が哲学的になるが、細胞分裂とは、もともとは多細胞生物をつくるためのものではない。細胞分裂とは自分と同じ細胞を分裂により増やし、自分の仲間や子孫をつくるための手段である。つまり、細胞分裂とは単細胞生物の生殖方法であり、**無性生殖**といえる。その細胞分裂という無性生殖で増えてきた細胞同士が集まり、細胞集合体というかたちで社会生活を開始したのが、多細胞生物である。

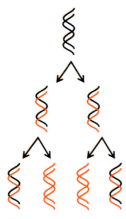

図 2-1
DNA の半保存的複製

　細胞分裂とは、無性生殖のことであり、自分の子孫を増やす手段である。したがって、この細胞分裂の前には、自分と同じ遺伝子（DNA）を複製し、2 つの細胞に同じ遺伝子を分配することが重要になる。遺伝子である DNA は図 2-1 にあるように二重らせん構造をしており、その複製方法は **DNA の半保存的複製**と呼ばれる。

　これは、2 本ある DNA 鎖の片方を鋳型にして、もう一方の DNA 鎖を作製することで、1 回の複製により 2 本のまったく同じ DNA 鎖を複製できる方法である（図 2-1）。

　この半保存的複製を最初に証明したのはメセルソンとスタールであり、それはワトソンとクリックが 1953 年に DNA の二重らせん構造を発表した直後のことである。メセルソンとスタールは、単細胞生物である大腸菌と、重さの違う放射性同位元素を用いることで、複製された DNA の重さが変化することによって、半保存的複製を証明したのである（図 2-2）。

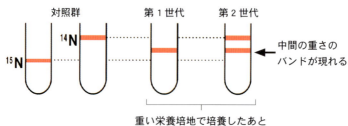

　重い放射性元素である ^{15}N を含む培地で生育した大腸菌は重い DNA になる。その重い DNA をもつ大腸菌を通常の ^{14}N を含む培地で生育・1 回細胞分裂をさせると、通常の ^{14}N を含む培地で生育した大腸菌の DNA（軽い DNA）と ^{15}N を含む培地で生育した大腸菌の DNA（重い DNA）の中間の重さとなる（第 1 世代）。さらに、その大腸菌をもう 1 回、^{14}N を含む培地で生育・1 回細胞分裂をさせると、中間の重さの DNA と軽い DNA という 2 種類の重さをもつ DNA が形成される（第 2 世代）。これの説明できるのが半保存的複製である。

図 2-2　メセルソンとスタールの実験

その後、同じ手法で、われわれヒトなど核膜をもつ真核生物も同様な方法でDNAを複製していることが証明され、DNAの半保存的複製方法は生物すべてに共通するとわかった。つまり、ヒトを含めた真核生物から大腸菌のような下等な生物まで同じ半保存的複製でDNAを複製しているのである。

2.2 細胞分裂の過程 — 紡錘体って何？

細胞分裂は、同じ細胞が2つに複製される**体細胞分裂**と、染色体数が半減し、4つの生殖細胞ができる**減数分裂**の2つに分けられる。この章では体細胞分裂のことを単純に細胞分裂と記述しながら解説する。

図2-3は真核生物の細胞分裂の過程が簡単に描かれている。この図からもわかるとおり、細胞分裂は、**G1期**（DNA合成準備期）、**S期**（DNA合成期）、**G2期**（分裂準備期）、**M期**（分裂期）の4つに分けられる。

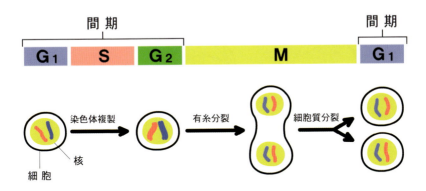

図2-3 真核細胞の細胞分裂過程

しかしながら、高校の教科書などでよく記述されている細胞分裂の様子は4つのうちのM期の現象についてのみである。たしかに、細胞分裂のM期は染色体や**紡錘体**など特徴的な構造が見られ、1つの細胞が2つの細胞になるというように劇的な変化をするため、印象が強いかもしれない。そして、そのM期の過程を、さらに**前期**、**中期**、**後期**、**終期**、**細胞質分裂期**に分けて、

それぞれの特徴を詳細に説明しているため、誤解が生じやすい。しかし、細胞は前述の G1 期、S 期、G2 期、M 期の 4 期を経て、はじめて細胞分裂を完了でき、まったく同じ細胞を複製できる。

図 2-4 のように、分裂期である M 期前期は、核膜がなくなり、染色体という棒状の構造が出現する。M 期中期になると、それら棒状の染色体が紡錘体の中央に並び、M 期後期ではその染色体が分離して娘染色体になり、紡錘体の**紡錘糸**に引っ張られ、M 期終期には紡錘体の両極に移動していく。M 期最後の細胞質分裂期では、核膜が再び見え始め、細胞もくびれるように 2 つに分かれていく。ただし、細胞質がくびれるように 2 つに分かれるのは動物細胞の場合であって、植物細胞の場合は違う。植物細胞の場合は、図 1-12（21 ページ）にあるように細胞と細胞の間に固い細胞壁があるため、くびれるように 2 つの細胞に分かれることはできない。この場合は、分裂中の細胞の中央に、細胞膜と細胞壁が 2 つの核の間を仕切るようにできあがり、細胞を 2 つに分けていく。

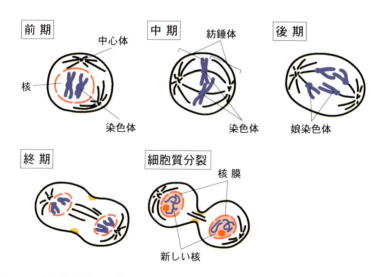

図 2-4　体細胞分裂の M 期

植物細胞と動物細胞の細胞分裂の大きな違いは、もう 1 つあり、そのヒントが図 2-5 にある。この図は動物細胞の細胞分裂の M 期中期に相当するが、

ある1つの細胞内構造物が、植物細胞にはない。

　それは、**星状体**である。動物細胞の細胞分裂の際には、紡錘体の両極に**中心体**を中心とした星状体という構造が形成されるが、植物細胞には形成されない。この星状体や中心体は染色体を運ぶ際に重要な働きをしていると考えられているが、植物では存在しないことから、その本当の働きはまだよくわかっていない。これら星状体や紡錘体は細胞骨格の1つである**微小管**というタンパク質からできている。この紡錘糸は染色体上の**動原体（セントロメア）**という場所に結合し、染色体を両極に引っ張る働きをしている。

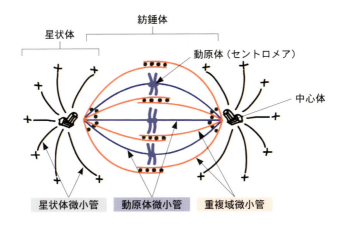

図 2-5　紡錘体と中心体（M 期中期）

　この紡錘体という構造物は単に構造が整っているだけではなく、じつは巧妙にできた精密機械のように仕事をしている。詳細は省略するが、紡錘体上の紡錘糸（微小管）がすべて染色体とつながっているわけではない。紡錘糸には染色体とつながっているものと、つながっていないものがある。

　どうしてだろうか？　染色体とつながっていない紡錘糸は、どのようにして染色体を紡錘体の両極に運ぶことができるのだろうか？

　染色体とつながっていない紡錘糸や星状体の微小管はモータータンパクと呼ばれるタンパク質と結合・連携し、巧妙に綱引きや滑車の働きをして、相同染色体を両極に別々に運んでいく。この現象もまた、神がいると思わせるほどの生命現象である。

2.3　細胞周期 ― 門番がいた！

　細胞分裂過程は図 2-3（25 ページ）のように直線上に描かれ、説明されることも多いが、かなりの細胞は絶えず細胞分裂を繰り返している。そのため、繰り返される細胞分裂の現象を図 2-6 のように円形に描いて、**細胞周期**と表現し、説明することも多い。単に、図 2-3 の両端の G1 期をつなぎ、円形にしただけである。また、細胞は死ぬまで細胞分裂を繰り返すわけではなく、多細胞生物の体の多くの細胞は、必ずしも頻繁に細胞分裂していない。

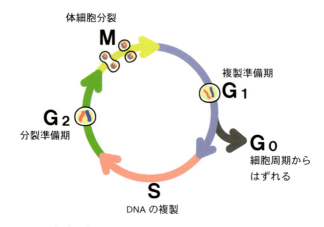

図 2-6　細胞周期

　細胞分裂を停止した細胞の状態を **G0 期**と呼ぶ。G0 期の細胞が再び細胞分裂に戻ることもある。この細胞分裂の維持や停止はとてもうまく調節されているから、われわれの体は常にバランスのとれた形になっており、片方の手だけが大きくなったりするようなことはない。9 章で説明するが、このような細胞周期の調節が壊れた一例ががんである。

　この細胞周期にはすばらしい調節機構が存在する。そして、それもほんの数種類のタンパク質で行われているのだ。細胞周期は図 2-7 に見られるように単に G1 期、S 期、G2 期、M 期を時計まわりで回転しているように見える。しかし、この過程には、G1 期、S 期、G2 期、M 期のすべての細胞周期の段階ごとにきちんと次のステップに進む準備ができているのか、また前過程が

正確に実施されたかどうかの進行状況を確認するチェックポイントが存在している。

この各チェックポイントごとに確認を行うのは、たった2種類のタンパク質だ。図2-8を見ていただきたい。

細胞周期における**サイクリン**と呼ばれるタンパク質の増減と、それに伴うもう1つのタンパク質である**サイクリン依存性キナーゼ（cdk）**と呼ばれる酵素の活性状態をグラフに表した。

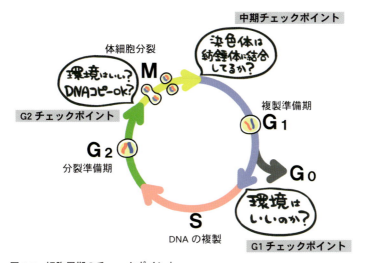

図2-7　細胞周期のチェックポイント

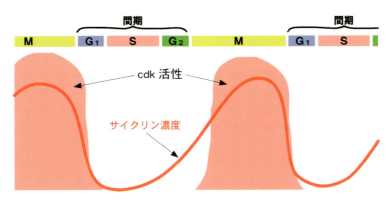

図2-8　周期的に増減するタンパク質

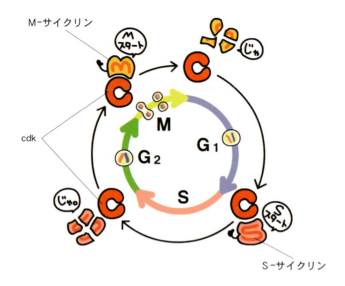

図 2-9　サイクリンとチェックポイント

　サイクリンというタンパク質は、細胞分裂とともに周期的に増減し、そのサイクリンの周期的な増減と呼応して、サイクリン依存性キナーゼ（cdk）という酵素も周期的に活性化されたり、不活性化されることを示している。サイクリンの濃度が高くなると、サイクリンは cdk と結合し、その cdk の酵素活性が生じる。また、サイクリンの濃度が低くなると、サイクリンは cdk から外れ、cdk 活性は消失する。すなわち、サイクリンと cdk という 2 つのタンパク質の結合体が各チェックポイントごとに門番のように細胞分裂の状態を調べている。

　サイクリンや cdk はそれぞれサイクリンファミリーや cdk ファミリーと呼ばれるようなタンパク質のグループとして存在し、チェックポイントごとに担当するサイクリンや cdk がそれぞれ決まっている。サイクリンと cdk の組み合わせにより細胞周期の各段階ごとのチェックポイントで調べられ、チェックが終了する。不必要になったサイクリンは分解され、細胞周期は次の段階に進行できる（図 2-9）。

　詳しくは他の文献を参照していただきたいが、生命の最小単位である細胞

の分裂にも多くの生命の巧妙さがあることを感じることができるのではないだろうか。

では、次章からは無性生殖とは違う有性生殖について説明していきたい。

COFFEE BREAK-3

 雨の日によく見かけるアメンボウ。でも、どうしてアメンボウって呼ばれるの？

　雨が上がった後、水たまりでよく見かけるアメンボウ。でもどうしてアメンボウと呼ばれるのか、みなさんは知っていますか？

　簡単じゃないか!?　「あめ(雨)」の降った日に出てくるから、アメンボウでしょ！

　本当にそうでしょうか？

　じつは、これは誤りです。これこそが前述したコーヒーブレイクの「カメムシの質問」からの新たな展開だったのです。

　アメンボウはあんな形をしていますが、カメムシの仲間です。つまり、アメンボウはいじめられると刺激臭を出します。その刺激臭があまい水あめのような匂いであり、からだがぼう（棒）のように細長いから、アメンボウと呼ばれているのです。あめのような甘い匂いを出す棒のような形の虫だからなのです。決して雨の日によく出てくるからアメンボウというのではありません。

　そして、この質問は、学生さんたちの質問でさらに展開していきました。その一部をあとのコーヒーブレイクで紹介するかもしれません。紹介しているかどうかは本書を読み進んで見つけてください。もしその紹介がない時は、たぶん授業のなかで紹介するでしょうから、ぜひとも毎回私の授業に参加していただきたい(笑)←これが目当てか!?

3章　多細胞生物と生殖

3.1　無性生殖と有性生殖 ― 胞子はタネ？

　前章で、細胞分裂は本来無性生殖であり、絶妙な調節のもと、結果として多細胞生物が形成されることを説明した。本章では、多細胞生物になると、細胞分裂（無性生殖）では増えることができない場合も多いため、多細胞生物となったあとに獲得した生物の増え方について説明したい。

　無性生殖に限らず、自分の子孫をつくること、新しい世代を生むことを、生物学の分野では**生殖**と呼ぶ。生殖には大きく**無性生殖**と**有性生殖**がある。無性生殖とは、いわゆる性が存在しない生殖であり、前述のような細胞分裂などもこれに属する。それに対し、有性生殖は、多細胞生物の誕生後に現れた生殖方法であり、雌雄というような2つの性が存在する生殖方法である。

　無性生殖とは細胞分裂ばかりではなく、われわれの日常生活でよく見られるものも多い。たとえば、図3-1の**栄養生殖**にあるように、イチゴなどのような植物は、親株からシュートと呼

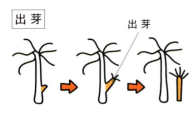

図 3-1　無性生殖

3 章　多細胞生物と生殖

ばれる茎を延ばし、その先に新しいイチゴの個体を形成しながら増えていく。このような栄養生殖も性がまったく関係していないため、無性生殖である。もっと身近な例としては、春にきれいな花を咲かせるチューリップである。チューリップは親株の球根から小さな子株の球根ができ、増える。これも無性生殖の代表例である。

　その他では、図 3-1 の中央にあるような小さな水生動物であるヒドラの**出芽**も無性生殖である。出芽とは個体の体幹部の脇から新しい個体が植物のわき芽のように出て、それが大きくなると親株より分離独立して増える生殖方法である。ちなみに、このような出芽や栄養生殖によってできた子株は親株とまったく同じ細胞・遺伝子をもつので、**クローン**である。また挿し木も親株と同じ遺伝子をもつので、クローンといえる。

　さらにもう 1 つ、有性生殖とよく間違えられる無性生殖の例を挙げよう。それはカビやキノコの**胞子**である。多くの人は、胞子のことをカビやキノコなどのタネ（種子）と思っているかもしれないが、これは間違いである。たしかに、働きとしてはタネ（種子）とよく似ているため、誤解されても仕方ないかもしれない。しかし、タネ（種子）は、おしべの花粉がめしべに受粉（受精）して形成されたものであるのに対し、カビやキノコの胞子は単なる体細胞分裂をして形成されたものである。したがって、胞子は体細胞分裂で形成されるため、親株とまったく同じ遺伝子でできていることから、無性生殖の代表であり、受精でできたタネ（種子）とはまったく違う。どうか間違わないようにしてほしい。

　では、有性生殖とはいかなるものだろうか？　有性生殖とは 2 つの性が存在する生殖であり、**配偶子**と呼ばれる 2 種類の細胞が融合し、新しい個体（生命体）となる生殖のことである。配偶子には、姿・形がまったく同じ**同形配偶子**と、姿・形が異なる**異形配偶子**が存在するが、**接合（受精）**と呼ぶ配偶子同士の融合で、1 つの細胞としての**接合子（受精卵）**になる（図 3-2）。この異形配偶子の代表が、精子と卵子である。そして、精子と卵子の融合により、新しい世代が生まれる。この際の配偶子同士の融合は、接合とはいわず、

33

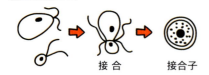

図 3-2
有性生殖（同形配偶子と異形配偶子）

受精と呼ぶことが多い。

　ここで少し不思議だと思っていただきたい。このような配偶子の融合を繰り返していたら、世代ごとに遺伝子の量が倍々に増えていってしまわないだろうか？　ここでは説明しないが、倍々に増えてしまうといろいろな不都合も生じてくる。

　では、どのようにして解決しているのか？　有性生殖では、その解決のため、**減数分裂**を行う。有性生殖は減数分裂なくしては成立しえない（減数分裂については、あとで説明するので、ここでは有性生殖の方がなぜ無性生殖よりも優れているかを簡単に説明したい）。

　無性生殖の優れている点は、一度に大量の子孫を残せるということである。しかし、無性生殖で増えたすべての個体は、同じ遺伝子をもつ均一の集団であるため、異なる遺伝子をもつ個体が存在せず、天変地異など環境変化が起きた場合、形質の均一さゆえに、全個体が一気に絶滅する可能性をもっている。

　それに対し、有性生殖は2つの異なる個体に由来する配偶子が融合するため、子どもの遺伝子が親の遺伝子と微妙に違ううえ、2つのうちの1つに異常があっても、もう片方で異常なところを補う、もしくは修復することができる。これは、紫外線や放射線などによる遺伝子の変化（突然変異）にも強いうえ、2つの遺伝子が混じり合うことから、2つの親とは似てはいるが、まったく同じものはない。すなわち、無性生殖により同じものが集まるホモな集団に対し、異なるものが集まるヘテロな集団を形成することができる。これにより、有性生殖は、無性生殖とは違う、天変地異などの環境の変化に

3 章　多細胞生物と生殖

も適応できる個体が、不均一であるヘテロな集団のなかから出現できる可能
性が高く、進化や淘汰をもたらすことができる。

3.2　減数分裂とその特徴

　前述したように、有性生殖は減数分裂なくしては成立しえないが、その減
数とは何のことだろうか？
　それを理解するためには、染色体のことを思い出さなくてはならない。わ
れわれ真核生物は細胞内に核をもち、そのなかの DNA を染色体という形で
保存しているため、その染色体の数は生物によって決まっている。たとえ
ば、ヒトでは 46 本の染色体が存在するが、そのなかの染色体の種類は半数
の 23 である。つまり、ヒトは同じ染色体を 2 本ずつもっていることを意味し、
半数の 23 ずつがそれぞれ 2 つの配偶子に由来する。したがって、配偶子は
通常の体細胞の半数しか染色体をもっていない。このように正常の体細胞か
ら染色体数が半分になった細胞（配偶子）を形成する現象が**減数分裂**であり、
減数とは染色体数が半分になることである。

　図 3-3 はその減数分裂の過程を簡単に示している。減数分裂の特徴は、①
染色体数が 2n から n になる、②減数分裂は、減数分裂 I（第 1 分裂）と減
数分裂 II（第 2 分裂）という 2 段階で行われる。減数分裂 I が減数分裂に
特徴的な分裂であり、減数分裂 II の方は体細胞分裂とほぼ同じ分裂である、
③減数分裂 I と減数分裂 II の間に、DNA 合成（DNA 複製）は行われない。
すなわち、減数分裂 I 終了後すぐに減数分裂 II が始まる、④減数分裂後、4
つの**生殖細胞**が形成される。
　さらに、減数分裂では、体細胞分裂では観察できない**二価染色体**と呼ばれ
る構造物が形成される。この二価染色体とは、減数分裂前に 2 倍になった
相同染色体同士がさらに結合し、実際の DNA 量としては 4 倍になった染色
体のことである。
　この二価染色体形成こそが、減数分裂のトリックを可能にするものであ
り、二価染色体内の 4 本の染色体のことを**染色分体**と呼ぶ。二価染色体内の

35

4本の染色分体が縦列した形で1本の染色体のようにふるまい、連続した2段階の分裂で染色体数の半減が可能になるのである（図3-3）。

また、この二価染色体が形成される際に、面白いことが起きる。それは**キアズマ（交叉）**である。2種類の染色分体は、それぞれ2本ずつ行儀よく整列するように思われるが、実際には染色分体同士が途中で入れ替わることが頻繁に起きる（図3-4）。これにより、さらに複雑な染色体の組み合わせができ、両親とは異なる新しい染色体が形成されていくわけである。このことから、同じ両親から生まれた兄弟同士は似てはいるが、まったく同じではないことも説明できる。

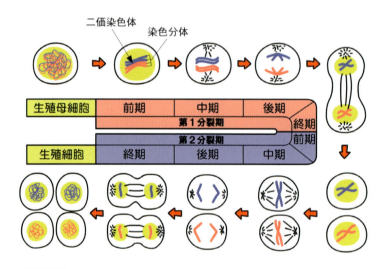

図3-3　減数分裂

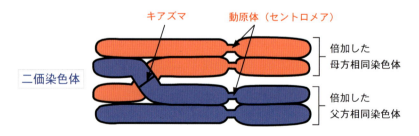

図3-4　キアズマ（交叉）

3.3　精子形成と卵子形成

　前述した減数分裂により、染色体数が半減した精子や卵子が形成される。精子形成と卵子形成は、その目的により、形成の仕方が大きく異なる点も多いので、ここで簡単に説明しておこう。

　精子は、図3-5にあるように、男性の精巣（睾丸）内の非常に細い管である精細管のなかで形成される。精細管のなかには精原細胞や精母細胞が存在し、精細管の外側から内側に向かって減数分裂が進み、それに続く精子の非常に大きな形態変化が行われる。

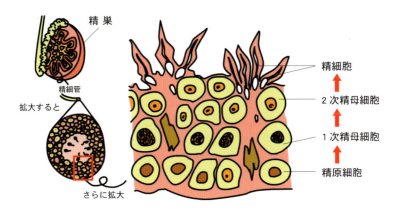

図3-5　精巣内の精子形成過程

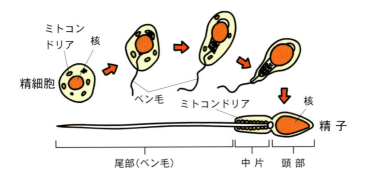

図3-6　精子形成

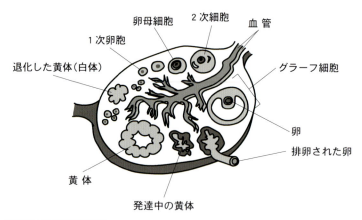

図 3-7　卵巣内の卵子形成過程

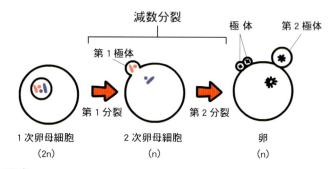

図 3-8　卵子形成

　最終的に形成された精子は精細管の一番内側を通って、精管に送られ、射精される。精子の形態形成は非常に大きな形態変化であり、精母細胞から精子を人工的にシャーレ内でつくらせるのはとても難しい（図 3-6）。

　また、卵子の形成過程は、図 3-7 で示されているが、女性がもつ 2 つの卵巣内で行われる。卵子形成の大きな特徴は、栄養に富んだ大きな卵を 1 つだけ形成しなくてはならないことである。ただし、減数分裂は正常に行われなくてはならないため、卵の他の 3 つの細胞も形成されるが、最終的には**極体**として排され、受精できない（図 3-8）。

　このように形成された精子と卵子は、その後、運命的な出会いにより、受精へと進んでいくのである。次章はその受精について説明しよう。

3章 多細胞生物と生殖

COFFEE BREAK-4

 三つ葉のクローバーは外来種！？

　小さなころ、公園や広場で四つ葉のクローバーを探したことはありませんか？　幸せを呼ぶ四つ葉のクローバー！　ところで、そのクローバーの日本名は？　シロツメクサですよね！　みなさん、その名の由来を知っていますか？

　日本中どこにでもあるシロツメクサは、じつは、外来種なのです。繁殖力と生命力が旺盛で、根もない少しの茎からでも根をつけ、あっという間に増えていくことができるのです。日本には、明治時代に入ってきたといわれています。ですから、日本名の「シロツメクサ」はその時についたはずです。ではなぜ、シロツメクサ？？

　女の子などは、小さなころ、その花をつんでシロツメクサの王冠を作ったことはありませんか？　それを家に持ち帰り、お母さんたちにみせ、そのあと放置し忘れてしまう……。何日か経ち、その王冠をみると、乾燥してカリカリになっている。特に白い花の部分は丸いボンボンのような形のまま、乾燥していたという記憶はないでしょうか？　そう、そこに答えがあるのです。

　シロツメクサが日本にやってきたのは明治時代。では、どうやって、日本にやってきたのでしょうか？　名前の由来はそこにあります。明治といえば、文明開化の時代！　多くの西洋文明が日本に入ってきました。その当時は珍しいガラスの食器なども多く入ってきました。しかし、そのような珍しいもの、貴重なものをどのようにして運んでいたのでしょうか？　当時、まだ発泡スチロールなどというものはありませんでした。新聞紙のような紙だってまだ貴重なものです。

　じつは、発泡スチロールの代わりに、カリカリになった白く丸いシロツメクサの花を詰めて、壊れないように輸送していたのです。シロツメクサとは、壊れやすい貴重なものを守る緩衝材として日本にやってきた草だったのです。だから、「しろ・つめ・くさ！」。

　当然、花もあれば、種もある。そのうえ生命力旺盛。明治時代に入ってきたのに、今では誰も外来種とは思われないほどになったのです。牧草としてもいいですしね。でも日本固有種ではないのです。

　生き物の名前の由来には面白いものも多くあります。多くの方に嫌われている「ゴキブリ」の名前の由来を知っていますか？　これも明治時代ですよ！

4章 受精とは神秘の宝庫だ

4.1 受精は最初から不思議だらけ

受精という言葉については、詳しく説明しなくてもわかっている人は多いと思う。しかし、受精は単に卵子（卵ともいう）のなかに精子が入って成立するだけの単純な現象ではないことをここで紹介したい。

受精とは生物学的な表現では「接合」ともいい、2つの**配偶子**（雄性配偶子と雌性配偶子）の合体・融合のことである。通常ヒトでは、雄性配偶子である精子が、雌性配偶子である卵子のなかに入って成立する**有性生殖**の重要な段階のことをいう。

精子が卵子のなかに入ろうとする瞬間だけでも、多くの生命の神秘や不思議がある。たとえば、精子にしろ、卵子にしろ、どちらも減数分裂を終えた1つの細胞である。そのような個々の細胞同士がくっつくというか、融合することを、みなさんはどう思われるだろうか？　当然のこと？　では、細胞でできているわれわれが、隣の人と握手をしたら、たちまち融合してしまうだろうか？　そんなことはありえない。つまり精子と卵子はお互いに細胞融合できるように特殊化した細胞なのだ。不思議なことに同じ細胞なのに、最初から細胞融合できるように特殊化しているわけである。

また、受精とは精子が卵子のなかに入ったら、それで終了と思っているかもしれないが、それだけでは受精は完了していない。精子の核（**精核**）と卵子の核（**卵核**）が出会い、卵子のなかで2つの核同士が融合して、2倍体の核になってはじめて、受精が成立する（図4-1）。この卵核と精核の融合の瞬間こそが、本当の意味での新しい生命の誕生であり、個体としての一生の始まりである。

4章 受精とは神秘の宝庫だ

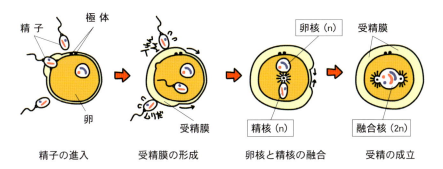

図 4-1　卵核と精核の融合

　卵子の減数分裂はいつ完了するかご存じだろうか？　精子は減数分裂を完了しているのだから、当然、受精前に減数分裂を完了していると思われるだろう。しかし、じつは減数分裂の完了は精子の核が卵子のなかに入ったあとであり、第 2 極体は通常、精子が卵子に入った直後に放出される。すなわち、減数分裂は受精後に完了するのであり、この現象は多くの動物で共通している。

　どうして卵子はこのように不安定な状態であるにもかかわらず減数分裂を途中で停止し、受精の時を待つというような不都合なことをしているのだろうか？　この現象は多くの動物で共通しているのだから、何らかの意味はあると思われるが、現時点では誰も本当の理由はわからない。しかし、これが真実であり、ここにも生命の不思議がある。

4.2　先体反応 ─ サケとカエルの合いの子は生まれるか !?

　受精という生命現象は多くの生物で行われているが、われわれヒトのように体内受精する生物ばかりではない。

　たとえば、魚類や両生類などは非常に多くの種類が存在するうえ、水中で受精を行う。この場合、水中には他の生物種の精子や卵子もあるはずで、受精できる状況にあるかもしれない。偶然に、サケの精子がカエルの卵子の近くにあり、別の種の配偶子同士が受精してサケとカエルの合いの子が誕生する可能性もある。なんといっても、精子と卵子は細胞融合できるように特殊化した細胞であるからだ。しかし、実際にはそうならないし、もしそうなっ

たら生物種も存在しなくなり、多くの不都合が生じる。では、実際に受精の際にはどのようにしてそのような異種間の受精を防いでいるのだろうか？

一番重要なことは、精子と卵子が同種の精子と卵子であるかを速やかに判別することである。そのための最初のステップが、**先体反応**である（図4-2）。先体とは精子の先端にある細長い突起（先体突起）であり、その先体突起のなかには多くの酵素などが入っている。その多くの酵素は、精子が卵子表面にあるゼリー層などを溶かし、卵子のなかに潜り込むために必要な酵素である。先体反応とは本来、精子がゼリー層などを溶かし、卵子のなかに入る現象のことを表す言葉であったが、現在では精子と卵子が同じ種同士であるかを瞬時に識別する現象を表す意味も強くなった。

つまり、先体反応により、精子と卵子が同じ種であると受精は進むが、異種間の場合は、受精は成立しなくなる。この同種か異種かの識別のためのメカニズムは、まだよくわかっておらず、神秘のベールに包まれたままである。

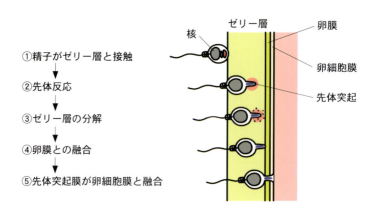

図 4-2　先体反応

4.3　多精拒否反応　— 精子をたくさんもらっても損!?

受精は1つの精子と1つの卵子により成立するが、もし2つの精子が同時に卵子のなかに入ったらどうなるのだろう？　双子が生まれるだろうか？

もし実際にそうなった場合、その受精卵は発生できないか、発生が途中で止まってしまう。つまり、2個以上の精子が卵子のなかに入ったら、発生できずに死んでしまうのだ。精子が1個ぐらい多く入ったっていいじゃないかというわけにはいかないのである。したがって、たくさんの精子が一度に卵子のなかに入らないようにする**多精拒否**のメカニズムが存在している。この多精拒否は生物にとってとても重要であるため、2段階の反応で厳重に行われる。

この多精拒否反応には1段階目の早い反応と、それに続く2段階目の遅い反応で行われる。1つの精子が卵子に入ったら、早い反応ですばやく他の精子の進入をブロックし、続く遅い反応で確実にその他の多くの精子の進入をブロックすることで、たった1つの精子以外の卵子への進入を阻止している（図4-3）。

この早い反応は、神経細胞の情報伝達と同じような**活動電位**による電気的反応である。卵子は通常、他の体細胞と同じようにマイナス70mVくらいに荷電しているのだが、最初の精子が進入した途端、マイナスからプラス側に卵子の電位が変わり、その電位変化（活動電位）で精子は卵子に入ることができなくなる（図4-3）。じつは精子はプラスに荷電しているため、マイナスに荷電している卵子に、磁石のように引き寄せられるようになっている。しかし、1つの精子が卵子内に進入すると、その卵子内の荷電がプラス側に変わってしまい、プラス荷電の精子とプラス荷電となった卵子によるプラスープラスの関係となり、互いに反発してしまい、小さい精子は大きな卵子に近づけなくなる。電気というすばやい反応で一瞬にして他の精子の進入をブロックできるのだ。

続く遅い反応は何か？　これは物理的・機械的な構造物を卵子の表面に形成し、他の精子の進入をブロックする方法である。すなわち、遅い反応は卵子のまわりに敵から守る大きな砦をつくるかのごとく、その他の多くの精子の進入を確実に排除できる構造物をつくり、他の精子の進入を阻止している。

この大きな砦のような構造物が**受精膜**である。電気的反応は即効性という点では有効であるが、確実に他の多くの精子を排するために卵子は受精膜を形成する（図4-1、図4-3）。最初の精子が入ると、それまで卵細胞膜直下に

存在していた表層顆粒が卵細胞膜へと移動・融合し、その内容物を卵細胞膜の外に放出することで、受精膜といわれる膜が卵細胞膜の外側に形成され、水を含んで体積を膨張し、最終的に卵子全体を厚い受精膜でおおい尽くす(図4-1)。つまり、この受精膜という卵子を取り囲む砦のような構造物によって、あとから来た精子たちの進入を物理的に完全にブロックするのである。

卵子はこのように早い反応と遅い反応という二段構えで2個以上の精子の進入を防いでいる。それほどまで、精子と卵子は1対1の関係でなくてはならないのである。このように、遺伝子の量は厳密に一定に保たれているのだ。

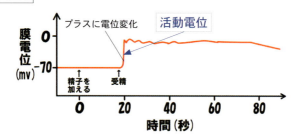

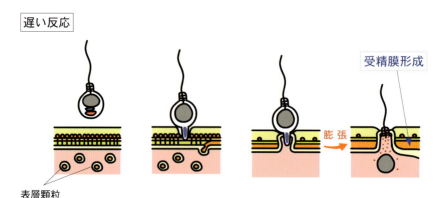

図4-3 多精拒否のメカニズム

ここまで読んでくると、卵子はいつも受身的に精子がやってくるのを待っているだけのように見える。では、実際に、卵子は精子が来るのをただ何もせずに待ち構えているだけなのだろうか？ じつは違う。卵子だって精子を

積極的に迎え入れようとしている。電子顕微鏡で見ると、大きな卵子表面のほとんどは無数の細かい突起でおおわれてる。しかし、一部だけ頭のてっぺんの 10 円はげのようにつるっとし、細かい突起がないところがある。これはなんだろう？　どうしてこのような部分があるのだろうか？

じつは、ここは受精直後、減数分裂によって第 2 極体が放出されるところである。極体だって卵子と同じようにきちんと減数分裂をしているのだから、卵子と同じ核も存在し、卵子とまったく同じ遺伝子や染色体をもっている。したがって、第 2 極体も遺伝学的には精子と受精できるし、発生もできるはずである。ただし、第 2 極体は、卵子と違い極端に小さく、細胞質や栄養などがほとんどない。そのため、受精しても発生できないのだ。すなわち、第 2 極体などの極体が受精されては不都合が生じる。そこで、その部分は精子を捕まえるための細かい突起をなくし、つるつるにし、精子を進入しにくくしているのである。卵子だって、精子をただ待つだけではなく、細やかな配慮を行っているのがわかっていただけただろうか。

4.4　カルシウム濃度 ── これが白馬の王子現象だ

受精直後に起こる重要な現象の 1 つに**受精波**と呼ばれる「カルシウムの波」がある。単なるカルシウムと思われるかもしれないが、これがとても重要な反応になる。

卵子のなかは通常、ある一定のカルシウム濃度になっている。しかし、精子が進入した場所から、卵細胞質内の小器官に溜め込まれていたカルシウムが一時的かつ瞬時に卵細胞質内に放出され、卵内のカルシウム濃度が一瞬上昇し、またすぐにもとの濃度にもどる現象が起きる。このカルシウムの濃度変化が、精子進入場所からその反対側へ卵子内を一過的に波のように通り過ぎていくのである（図 4-4）。この現象

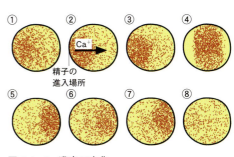

図 4-4　Ca 濃度の変化

をカラー映像で見るととてもきれいであるが、それをこの本で示せないのはとても残念である。このカルシウムの波が、卵子内を一過的に通り過ぎることにより、卵子は活性化（正式には賦活化という）され、発生開始の準備が整うと考えられている。

41ページでも少し説明したが、じつは卵子は、減数分裂の第2分裂の途中（通常、第2分裂中期）で減数分裂を止めている。このような卵子にとって非常に不安定な状態である減数分裂の途中の状態で、卵子は何年も、多いときは30〜40年も女性の体内で排卵と受精の時期を待っている。この何十年という長い眠りから卵子を目覚めさせる現象がカルシウムの波である。このカルシウムの濃度変化という波が、一過的に卵子を通ることにより、卵子は減数分裂の第2分裂中期で停止していた分裂活動を再開する。こうして、卵子は長い間停止していた減数分裂を再開、および完了し、受精とその後の発生過程の準備を確実なものにしている。

長い旅を終えた純白の精子が卵子に入った場所から起きるカルシウムの波が、長い眠りについていた卵子を目覚めさせるのは、おとぎの国で白馬に乗った王子様（精子）が遠くからやってきて、長い眠りについていたお姫様（卵子）を目覚めさせる話にとても似ていないだろうか？　私の大好きな生命現象の一つである。ここにも、生命の神秘とロマンが存在していると思うのは私だけではないと思う。

4.5　表層回転 ― 1つで3つ

同種の判別（先体反応）、多精拒否、卵子を目覚めさせる受精波（カルシウム波）、減数分裂の完了など、受精の瞬間には非常に多くの現象があることがわかっていただけただろうか。この章の最後に、もう1つ質問したい。
「精子は卵子のどこから入ればよいのでしょうか？」
その答えは、「どこからでもよい」だ。

小さな精子が巨大な卵子に入るところは、卵黄が極端に偏ったところや極

体のところでなければ、卵子のどこでもよい。ただし、一度、精子が卵子に入ったら、精子が入ったその場所がとても重要となる（図 4-5）。

これはカエルでよく調べられているが、精子が入ったところが将来のからだの腹側になり、その真逆側が将来の背側になる。つまり、精子は卵子のどこから入ってもかまわないが、入った場所が将来の腹側に決定され、必然的に背側も同時に決定される。精子が入ったところが将来のおへそのあたりになると考えてもらうとわかりやすいかもしれない。

そして、もう 1 つ重要な現象が起きる。その精子が入った場所と反対側を結ぶ卵子の表層部分のみが卵子表面全体で 30 度だけ回転する（図 4-5）。これは表層部だけで起こり、内部は回転しないので、**表層回転**という。この現象により、卵子の表層とその内部にずれが生じるわけだが、そのずれが一番大きかった部分である精子進入部とその反対側を結ぶ卵子表面の線が将来の体の正中線になる（図 4-5）。つまり、表層回転による卵子表面のずれの一番長いところが、将来の背骨（脊椎骨）の部分になるわけだ。

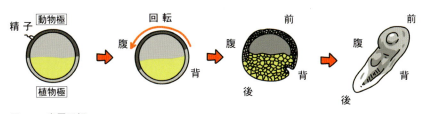

図 4-5　表層回転

このように、精子はどこから入ってもよいが、入った場所が重要で、その場所で将来の体の背側と腹側（背腹軸）、そして表層回転によるずれと向きにより体の正中線と左右（左右軸）が決定され、それに伴い体の前後の軸（前後軸）までもが決まる。すなわち、精子が入った場所だけで将来のからだの 3 次元の軸、背腹軸、左右軸、前後軸が決定されるというのは驚異でないだろうか。

たかが精子が入るだけの受精ではあるが、生命の神秘のすごさを感じさせる現象が満載である。次章からは、その背腹軸、前後軸、左右軸が決定され、3 次元的に行われる受精後のからだづくりについて説明したい。

5章 からだづくりの神秘1： 初期発生

5.1 前成説と後成説

図 5-1 前成説

　顕微鏡が使われ始めた19世紀ごろには、生物は発生する際にからだの構造が既に小さなまま存在し、発生とともにそのまま大きくなっていくのだという**前成説**が主流であった。

　たとえば、図5-1は顕微鏡で観察した精子をイラストにしたものであるが、精子の頭部に小さなヒトが足を抱えて丸まっている。この図は、当時有名な先生が使い始めたばかりの顕微鏡で精子を観察したところ、精子のなかに小さなヒトがいるのを確認したと発表したものだ。たしかに足を抱えている部分には精子のミトコンドリアなどが多く存在し、足を抱えているように見えるかもしれない。有名な先生が「私は精子のなかにヒトを見たのだ」と主張したことにより、それがまさに真実のようにしばらくの間信じられ続けた。しかし、知ってのとおり、精子のなかにヒトなど隠れていない。

　生物は受精後の**発生**という過程を経て、形成されていく。これを**後成説**という。次に、後成説で説明される発生過程について述べていこう。

5.2 発　生 ― からだづくり

　発生過程は高校の教科書でもよく取り上げられており、最初に単細胞である受精卵が驚異的な細胞分裂と形づくりを行って成り立っていくことはご存じと思う。発生過程の概要はカエルを例にとった図5-2のとおりであるが、

その最初は、**卵割**と呼ばれる細胞分裂で始まる。じつは、この卵割さえも精子が入った場所が重要であり、表層回転したあと、精子が入ったところから動物極と植物極を通る面に対する経線上ではじめての卵割が起きる（図5-2、卵割開始）。これを**経割**と呼ぶ。

その後、経割やそれと直角に交わる緯線で分裂する**緯割**を経て、多細胞生物の発生が進行していく。卵割の仕方は生物種によっていくつかに分けられ、それが図5-3にまとめられている。卵は卵内の卵黄の量や偏りにより、大き

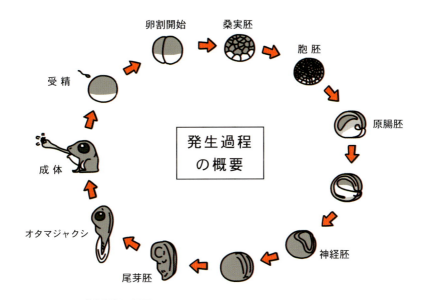

図 5-2　カエルの発生過程の概要

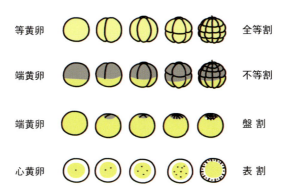

図 5-3　卵と卵割の種類

く３種類に分けられる。卵黄の偏りが少なく、均等に分布している**等黄卵**、卵黄が偏っている**端黄卵**、卵黄が卵の中央にある昆虫などの**心黄卵**である。それぞれの特徴により、等黄卵は卵子全体が卵割する**全割**（さらに**全等割**と**不等（全）割**に分けられる）、爬虫類や鳥類のように胚の最上部の一部だけが碁盤の目のように卵割する**盤割**、昆虫に代表されるように最初に核分裂だけした娘核が卵表面に移動し、その後細胞膜が形成される**表割**もある。このように卵黄の量や偏りによりいくつかの卵割の仕方がある。これは一般教養の試験でもよく出題されるところなので、しっかり覚えておいてほしい。

5.3 胚 葉

卵割が進み（図 5-2）、**胞胚**のあたりから、それぞれの細胞は徐々にではあるが、個々の細胞としての役割分担を開始する。その役割分担に相当する一番最初の分類が**胚葉**である。胚葉は将来の組織器官のもととなる部分と考えてもらうとわかりやすいと思う。

初期の原始的な生物は、外側の組織や器官となる**外胚葉**とその内側に位置し、消化器系などになる**内胚葉**をもつ二胚葉動物であった。その後、生物種の系統図でウニなど腔腸動物より高等な動物では、細胞層が**胞胚腔**に落ち込む**陥入**を行い、将来の消化管のもととなる**原腸**を形成する。この原腸形成後、外側の外胚葉と内側の内胚葉の間に、**中胚葉**と呼ばれる新しい胚葉が形成される。

胚葉は**外胚葉**、**内胚葉**、**中胚葉**の３つに分けられ（表 5-1）、このように３つの胚葉をもつ動物を三胚葉動物と呼ぶ。正常発生の場合、胚葉由来の組織がそれぞれの胚葉に、特徴的な**分化**や分布を引き起こし、からだづくりが進行する（表 5-1、図 5-4）。たとえば、外胚葉からは表皮や神経管が形成され、中胚葉からは筋肉や真皮、血管など、内胚葉からは消化器系などが形成される。どの細胞がどのような分化をするかというのは基礎的な学問としても重要であるが、近年では、がんをはじめとした多様な病気・疾病などの治療や予防などにもきわめて重要であることもわかってきている。

5章 からだづくりの神秘1

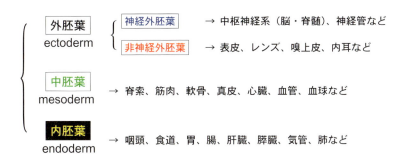

表 5-1 三胚葉

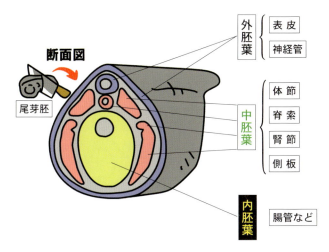

図 5-4 カエルの尾芽胚の断面図

5.4 オーガナイザーと誘導
― 初めてのノーベル医学生理学賞はイモリの研究！

　発生過程のからだづくり（形態形成）は**分化**と**誘導**で行われている。発生過程における分化とは、細胞が機能をもった細胞になることであり、分化を引き起こすのが**誘導**である。その誘導とは、胚のある領域の分化や発生が、そこに近接する他の領域からの影響により決定される現象である。例として

は、レンズの誘導がよく知られている（図 5-5）。

　レンズの誘導は、①前脳胞が膨らみ、頭部の表皮に伸びて、眼胞となる。②眼胞は杯状の眼杯になりながら、肥厚してきた表皮（レンズプラコード）を引っ張るようにしてレンズ胞を形成する。③表皮から分離して形成されたレンズはさらに残った表皮に働きかけて角膜になるように誘導する（図5-5）。このように誘導現象は誘導の連鎖を引き起こす。すなわち、図 5-6 に示すように、B は A に作用して、A のなかに C を誘導する。誘導された C は今度 A と B にそれぞれ作用して、A には D を、B には E を誘導するというように、誘導は次々と連鎖する。この連続した誘導作用によって数多くの種類の細胞が生じる。

　何でも最初があるものであるが、誘導の最初は何であろうか？　その誘導の最初であり、からだづくりで一番大切な誘導とは、ドイツの発生学者シュ

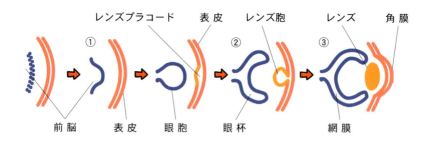

図 5-5　レンズの誘導

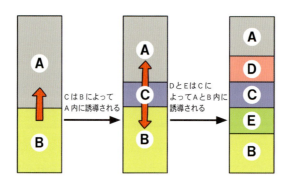

図 5-6　誘導と誘導の連鎖

ペーマンが発見した**オーガナイザー（形成体）**である。彼はイモリ胚の原口背唇部と呼ばれる組織を別の個体の原口背唇部と反対側に移植したら、本来のからだ（1次軸）のほかにもう1つのからだ（2次軸）が形成されることを示した。すなわち、この原口背唇部は、からだをもう1つ誘導形成することができることから、オーガナイザーと呼ばれるようになった。そして、この研究はからだづくりの最初のもととなるものを見つけたということで、ノーベル生理学・医学賞に輝く研究となる（1935年）。このあと、このオーガナイザーにある分子や遺伝子を見つければ、次のノーベル賞がもらえると、世界中の多くの研究者がその分子や遺伝子を探す時代に突入する。

5.5　中胚葉誘導

オーガナイザー分子探求の時代に、オランダの生物学者ニューコープは外胚葉など胚葉の組み合わせ実験で、そのオーガナイザーさえも、じつは誘導で形成されることを明らかにした（1969年、図5-7）。

ニューコープは胞胚期の胚を予定外胚葉、予定中胚葉、予定内胚葉に分けて、それぞれを単独に、もしくは組み合わせて何が形成されるのか、どのように分化するのかを調べた。その結果、予定外胚葉単独の場合、外胚葉由来の組織器官しか形成されないが、予定外胚葉と予定内胚葉を組み合わせた場合、本来ないはずの中胚葉も分化してきたのである。つまり、内胚葉が外胚

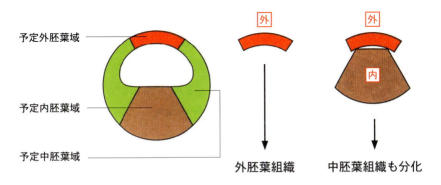

図5-7　ニューコープの組み合わせ実験

葉に作用して、中胚葉を誘導・分化させたわけである（図 5-8）。この誘導現象を**中胚葉誘導**という。そして、この中胚葉が誘導されてくる胚の領域こそがシュペーマンのオーガナイザーの領域そのものであり、オーガナイザーさえも誘導で形成されることがわかった。

　内胚葉からは中胚葉誘導分子が分泌され、外胚葉に作用して、外胚葉の一部を中胚葉に分化させる。その後の研究により、この中胚葉誘導分子は単独ではなく、表 5-2 にもあるように、多くの分子がかかわっており、線維芽細

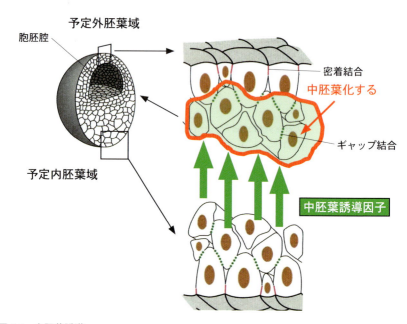

図 5-8　中胚葉誘導

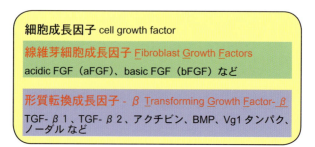

表 5-2　中胚葉を誘導する因子（中胚葉誘導因子）は何か？

胞成長因子（FGF）や形質転換成長因子（TGF）の仲間などが複雑にかかわっていることもわかった。

この誘導現象は必ずしも常に同じものを誘導するわけではなく、発生過程における適切なタイミングとそのときの組織細胞間の位置関係により変化する。すなわち、まったく同じ誘導シグナルが同じ性

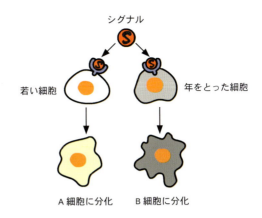

図 5-9　誘導にはタイミングがある

質の細胞に作用したとしても、発生の段階や場所が異なれば、その誘導効果はないか、もしくは異なる誘導として現れる場合もある（図 5-9）。このような細胞の対応能力のことを**コンピテンス**という。発生やすべての細胞の分化は誘導によって引き起こされるが、誘導の連鎖だけではなく、このような細胞のコンピテンスも、からだづくりの進行に重要である。

ただし、この誘導現象に従わないで分化する例外細胞も存在する。それは**生殖細胞**である。生殖細胞といえば、将来の子孫をつくるために一番重要な細胞であるが、この細胞だけは分化や誘導では形成されないのだ。むしろ発生開始時から、ある特定の場所に局在した特殊な生殖細胞質を含有した細胞だけが将来、生殖細胞になることが多い。カエルの場合では、植物極側にその特殊な生殖細胞質が局在し、卵割後その細胞質を含有する細胞だけが将来、生殖細胞になるように運命づけられる（図 5-10）。その生殖細胞質を含有した予定生殖細胞は、いつどんな場所に移動したとしても、他の細胞や組織からの誘導を受けず、必ず生殖細胞になる。これもとても不思議な現象であるが、その理由や詳しいメ

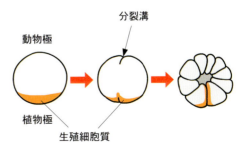

図 5-10　生殖細胞の分化

カニズムはまだよくわかっていない。生命の分野は、まだまだわからないことばかりである。

次章からは、からだづくりでわかっているしくみの具体例をあげながら、生命の不思議を考えてみたい。

COFFEE BREAK-5

 冬の松の木になぜワラを巻くの？　寒いから？

　本書も5章になり、授業もこのころには、そろそろ暑い夏がやってくる季節になっているかもしれません。海水浴に向かわれる方も多いのではないでしょうか？　海水浴場近くには松林も多く、そこを抜けると、青い海と青い空に入道雲！　夏ですね。この海岸線にある松林が、強い風を防ぐために植えられていることは多くの方が知っていると思います。

　そのにぎやかな夏の海岸線も夏が終わり、秋、続いて冬になると、夏のあのにぎわいが嘘のようにさびしくなります。ですが、冬の海岸線を海を見ながらドライブするのは、意外とデートコースにピッタリだったりもします。

　そのデートの時に、松林の松の木にワラが巻かれていることに気付く方もいるのではないでしょうか？

　楽しいデート中ですから、こんな冬の寒風吹きすさぶ海岸線に生えている松の木に「松の木だって、寒いのよね！　だから、ワラを巻いて暖かくしてあげているんだわ」などと優しい女性が言えば、その場の雰囲気はさらによくなることでしょう。

　しかし、そのワラ、本当に寒いから巻かれているのでしょうか？　松の木など植物も冬の寒さに震えているのでしょうか？

　デートの雰囲気を壊すようで恐縮ですが、じつは、違います。確かにワラは松の木を守るために巻かれていますが、寒いからではありません。あのワラは害虫による被害から松を守るために巻かれているのです。秋になると、害虫の幼虫は、松の幹を伝って木を降り、暖かい地面の落ち葉の下で越冬します。そして、春になれば成虫になり、松に卵を産み増えていきます。そこで、松の木の幹にワラを巻いておくと、その害虫たちの幼虫は落ち葉と勘違いし、その中で越冬してしまうのです。ですから、春になる前にそのワラごと燃やしてしまえば、害虫を駆除できるというわけです。昔からの松の害虫の駆除方法です。けっして、松が寒いからではありません。また、コモ巻きといって、杉など松以外の植物を守るためにワラを巻くこともありますよ。

6章 からだづくりの神秘2：ホメオボックス遺伝子

6.1 20世紀最大の発見 ― 突然変異とショウジョウバエ

　これまでにも述べてきたように、からだづくりにまつわる神秘や不思議は生命科学の分野において事欠くことはないだろう。たとえば、0.1mmの大きさのヒトの受精卵のなかに、身長170cmほどのヒトの情報がすべて入っていること。0.1mmといえば、0.5mm芯のシャープペンシルで紙に軽くトンと点を書いた程度の大きさである。そこにヒトのすべての情報が入っているのだから、私は不思議でたまらない。

　図6-1を見てほしい。一番上の四角で囲われている部分だけを見て、これがどういった種類の動物であるかを言い当てることができるだろうか？

　この図は横の列に別の種類の脊椎動物が描かれており、上から下の方に下がるごとに発生段階が進んでいくという、脊椎動物の胚発生過程が示されている。発生段階が進んでいくと、それぞれが何の動物種であるかがわかってくるが、四角で囲われた部分だけでは専門家でも動物種を言い当てることは難しい。

　重要なことは、この四角で囲われた発生過程の段階でも、もうすでに脊椎動物のからだの主要な部分は形成されてい

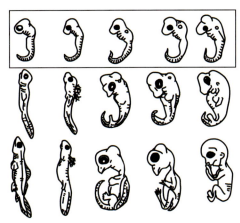

魚 類　両生類　ハ虫類　鳥 類　哺乳類

図6-1　動物種ごとの後期発生過程

ることである。たとえば、眼や耳も形成されているし、頭部も胴体部分もほぼ完成している。また、胚の内臓部分には消化官や循環器もすでに形成されている。これは何を意味するのか？

1つは、ドイツの生物学者**ヘッケル**が提唱したような「個体発生は系統発生を繰り返す」という現象を示している。すなわち、われわれヒトは母親のおなかの中（個体発生過程）で、われわれが地球の歴史のなかでたどってきた進化の過程（系統発生）を繰り返している。つまり、われわれヒトはこれまでの進化の過程で、かつて魚類や両生類の時代があり、その進化の事実を母親のおなかの中で繰り返し、ヒトとして形成され、生まれてくるということを示している。

また、もう1つの重要な点は、「からだづくりの主要な部分は、魚類から哺乳類まで、ほとんど同じである」ことである。四角で囲われた発生過程の段階では、魚類から哺乳類まで、脊椎動物に必須なからだの主要部分は手足を除いてほぼ形成されている。すなわち、脊椎動物の主要なからだづくりのメカニズムは魚類から哺乳類まで共通しているというわけだ。

そこで、この章では、生命科学における20世紀最大の発見の1つともいわれる**ホメオボックス**の話を中心に、生物のからだづくりについて解説したい。

6.2 ホメオボックス遺伝子 ― からだのマスター遺伝子

図6-2を見ていただきたい。これはキイロショウジョウバエと呼ばれるハエのイラストである。このキイロショウジョウバエは、赤い眼をもち、リンゴやバナナなどのくだものを好む体長2mm程度の小さなハエである。

図6-2　キイロショウジョウバエ

6章　からだづくりの神秘 2

　20世紀最大の発見は、この小さなハエから始まった。イラストの左から1番目のハエは正常のハエであるが、そのハエと比較して、2番目や3番目のハエはどこが違うだろうか？　正常のハエの羽は2枚であるのに対し、2番目のハエは羽が4枚ある。なんらかの原因によって、このハエの胸部が2つになり、結果として胸部に付随する2枚の羽がその2倍の4枚になったのである。3番目のハエは、頭部にある触角が足に変化している。このように胸が2つになったり、触角が足に置き換わったのは、彼らのからだに**突然変異（ホメオティック突然変異）**が起きたからである。ちなみに、この2種類の突然変異のハエも、それぞれの突然変異した部分以外はすべて正常に機能しており、自分と同じ形をした子どもを生むことができる。

　これら突然変異のハエの遺伝子を調べたところ、その原因遺伝子が見つかった。そして、その2つの原因遺伝子の間には同じ遺伝暗号（遺伝子配列）の部分が存在していた。その遺伝子配列は遺伝子の長さにして180個の塩基（遺伝暗号となるもの）が並び、アミノ酸の長さにして60個程度のアミノ酸が並ぶ領域であった。2つの原因遺伝子は全く違う遺伝子でありながら、原因遺伝子間で同じ遺伝暗号領域をもつという意味から**ホメオボックス**と名付けられた。

　体温が37度など一定に保たれている動物を**恒温動物**というが、このように生理現象を一定に維持させることを**恒常性（ホメオスタシス）**と呼ぶ。ホメオスタシスのホメオとは「同じ」という意味であり、スタシスとは「状態」という意味である。そこで、前述の2つの原因遺伝子も、遺伝子地図をイラストで描くと、同じ箱状の部分を共通にもっていることから、その部分をホメオボックスと名付けたのだ。それはとんでもない遺伝子たちだったのだが、名付けた当初は、誰もそのことに気づいてはいなかった。

　そのあと研究が進むにつれて、その他にも腹部が正常とは異なるなどの突然変異をもつハエたちも見つかり、それらの原因遺伝子も先ほどと共通したホメオボックスと呼ばれる遺伝子配列をもっていることがわかった。そして、このようなからだの形態を変化させる原因遺伝子が次々と見つかり、それら

59

の多くに、同じホメオボックスの遺伝子配列があることがわかり、それらホメオボックスをもつ遺伝子をまとめて**ホメオボックス遺伝子群**と名付けた。

　驚くべきことは、それらホメオボックス遺伝子群は、突然変異を起こしたからだの領域と対応して、頭部から尾部に向かって染色体のなかで順序よく並んでいたのである（図6-3）。

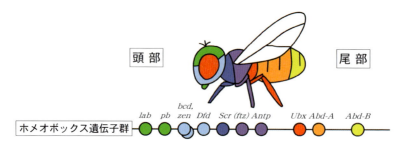

図6-3　ホメオボックス遺伝子群の並び方

　すなわち、触角を足に変えた遺伝子（アンテナペディア　Antennapedia［Antp］）は触覚が頭部側に位置するため染色体の前側に、胸部を2つにした遺伝子（ウルトラバイソラックス　Ultrabithorax［Ubx］）は、胸部だから頭部のホメオボックス遺伝子であるアンテナペディア（Antp）の後ろ側の染色体の場所に位置する。また、腹部に変化をもたらした遺伝子（アブドーミナル、Abdominal［Abd］）は、胸部の遺伝子であるウルトラバイソラックス（Ubx）の次の場所に位置するというように並んでいる。

　これらホメオボックス遺伝子群が、このようにからだの前後の軸に沿って整然と並んでいることに多くの科学者たちは驚いた。しかし、さらに驚くべき事実があった。じつは、われわれヒトを含めた哺乳類も、ハエと同じホメオボックス遺伝子群をもっていたのだ。それも、ハエと同じ染色体上での並び方のままである。つまり、ハエのからだづくりに重要なホメオボックス遺伝子群と同じホメオボックス遺伝子群をわれわれ哺乳類ももっていたのである。そして、そのホメオボックス遺伝子群の染色体内の並び方さえもヒトとハエは同じだった（図6-3、図6-4）。われわれヒトも、そこらをぷ〜んと飛

んでいるハエとほとんど同じホメオボックス遺伝子群をもち、ハエと同じように からだの主要部分（頭部、胸部、腹部、手足など）をつくっていたのである。

　ヒトとハエの違いはホメオボックス遺伝子群の数であった。ハエはホメオボックス遺伝子群を1セットしかもたないが、哺乳類は4セットももっていた。つまり、ヒトとハエのからだづくりの違いは、ホメオボックス遺伝子群が4セットか1セットかの違いくらいしかないわけだ。

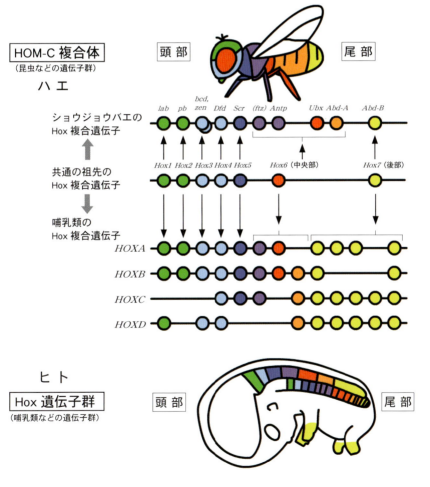

図 6-4　HOX 遺伝子と HOM-C 複合体

生物のからだという点では、ヒトもハエも、頭があり、胸があり、おなか などがあり、同じようなところに目や手足がついている。たしかに大きく種 も異なるのだから、若干の違いはある。しかし、その違いはハエがホメオボ ックス遺伝子群を１セットしかもっていないのに対して、ヒトはそのホメ オボックス遺伝子群を４セットももっているからだともいえるのかもしれ ない⁉

　厳密に言えば、ハエのホメオボックス遺伝子群と哺乳類の４セットのホ メオボックス遺伝子群はとてもよく似ているが、まったく同じではない。さ らに、哺乳類の４セットのホメオボックス遺伝子群間においても、それぞ れホメオボックス遺伝子の組み合わせや、そのなかの遺伝子配列も少しずつ 異なっており、まったく同じものが４セットというわけではない。
　しかし、これらすべての事実は、状況証拠としてハエもヒトも、もともと 共通の祖先がいて、その共通の祖先から進化の過程で分かれた後に、ヒトは そのホメオボックス遺伝子群を４倍に増やしながら進化を遂げてきたこと を示している（図6-4）。

　図6-3や図6-4のホメオボックス遺伝子群のイラストは、どこか焼き鳥の 串焼きに似ていないだろうか？　トリやネギを串にさしたような……。私は、 ホメオボックス遺伝子群をネギマにたとえて、ハエとヒトのからだづくりの 違いを、「地球という焼き鳥屋では、ハエというメニューをつくるには、お 皿にネギマ１本で十分足りるが、ヒトというメニューをつくる場合は少し 複雑なため、お皿にネギマが４本必要なのだ。しかし、ヒトとハエのから だづくりの違いは、基本的にはそのネギマの本数くらいの違いしかないよ」 とよく説明している。信じられないような話だが、それが事実なのだ。

　このホメオボックス遺伝子はどのような遺伝子であり、何をしているの か？　じつは、ホメオボックス遺伝子は、**転写調節因子**というタンパク質 をコードしており、遺伝子であるDNAに結合して、遺伝子の転写を調節す る遺伝子である。すなわち、前述のホメオボックス遺伝子群は、頭部や胸部

などからだの主要なパーツを形成するための最上位のマスター遺伝子であり、下流の遺伝子（DNA）の転写調節領域に結合し、下流の遺伝子の転写を調節している。つまり、ホメオボックス遺伝子群はそれぞれからだのパーツ形成の最上位の指揮官としてとても重要な働きをしている。

このような20世紀最大の発見の1つともいわれるホメオボックス遺伝子の研究も、じつはあの小さな突然変異のハエから始まり、これら一連の研究成果は1995年にノーベル生理学・医学賞に輝く。その際の受賞者には、ホメオボックス遺伝子群の発見（1983年）とその解析を精力的に進めたスイスの著名な研究者ではなく、その突然変異を見つけ、維持していたドイツの研究者に贈られたことは有名である。他と違うものに目をつけ、それを大切にし、そんな小さなところから大発見が導かれた。ノーベル財団がその発見の原点を見抜いたすばらしい例であろう。

ちなみに、現在ではハエのホメオボックス遺伝子群は **HOM-C 複合体**、哺乳類のホメオボックス遺伝子群は **Hox 遺伝子群** と呼ばれているが、基本的にはまったく同じものである（図 6-4）。ハエからヒトまで地上の生物は、基本的には同じ遺伝子を使ってからだづくりを行うことを見つけた20世紀最大の発見の1つである。

6.3　ムシの眼、ヒトの眼　── 仮面ライダーの眼、本郷猛の眼

前章で、ヒトもハエもからだの主要な部分は同じメカニズムで形づくられていることを紹介した。もし本当にそうだとして、どの程度同じなのだろうか？　この章では、眼に注目して、そのことについてもう少し細かく見ていこう。

図 6-5 は、先ほど紹介したショウジョウバエのイラストである。頭部の赤

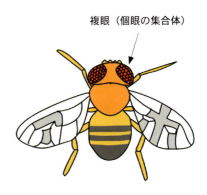

図 6-5　ショウジョウバエの複眼

い眼を見てほしい。この昆虫の眼は、ものを見るという点でヒトの眼と同じである。このヒトの眼とずいぶん違って見える昆虫の眼は、**複眼**と呼ばれている。

複眼は**個眼**という小さな眼が集まって形成されている。その複眼に映る画像は、個眼の1つ1つがそれぞれ小さな断片的な画像を映し、その集合体としてはじめて1枚のスナップ写真のような画像を映し出している。複眼は、個眼の個々の画像の断片を総合的な全体画像に編集・形成しているのだ。したがって、この昆虫の複眼は、デジタルカメラにたとえられることがある。つまり、小さなピクセル（個眼の画像）が集合して1枚の写真（複眼としての全体画像）を形成するわけだ。それに対して、われわれヒトの眼はどうだろうか？　ヒトの眼は**単眼**と呼ばれ、ある意味でフィルム上に画像を焼き付けるアナログカメラとよく似ている。

つまり、昆虫の眼も哺乳類の眼も、眼としては同じ機能を果たしているが、デジタルカメラとアナログカメラほどの違いがある。だからといって、昆虫の眼の方が優れているとはいわないが、それほどまでに昆虫の眼とヒトの眼の構造は大きく異なっている。

話をショウジョウバエに戻すが、このハエの頭の部分はどこか仮面ライダーに似ていないだろうか？　じつは、仮面ライダーはもともとバッタをモデルにしてできたキャラクターであるため、同じ昆虫であるハエともよく似ているわけだ。正義の味方である仮面ライダーはヒトが変身してなることはご存じの方も多いだろう。また、多くの子どもたちは正義の味方に変身できることをありえないとわかりながらもあこがれる。

そのうえで、あえて次のような質問を投げかけてみたい！

「初代仮面ライダーである〈本郷猛〉は、本当に昆虫である仮面ライダーに変身できるのだろうか？」

仮面ライダーになるためには、単眼から複眼にならなくてはいけない。そうでなくては、仮面ライダーは眼が見えなくなる。眼としての機能は同じでも、アナログカメラをデジタルカメラに変えるほどの変身が仮面ライダーにできるのだろうか？

6章 からだづくりの神秘2

　その答えを導き出したのも、突然変異の研究であった。じつは、哺乳類にも昆虫にも、眼がないという突然変異体が存在する（図6-6）。その突然変異を引き起こす原因遺伝子を調べたところ、

正常のマウス

眼のない突然変異マウス

図6-6　突然変異マウス

哺乳類ではPax6という遺伝子が、ショウジョウバエではeyelessという遺伝子が原因であることがわかった。Pax6やeyelessそれぞれの遺伝子に突然変異が起こると、眼が形成されない。しかし、驚いたことに、Pax6とeyelessはまったく同じ遺伝子であったのだ。眼を形成するのに、ヒトもハエも同じ遺伝子を使っていた。デジカメとアナログカメラほどの違いがある両者の眼においても、同じ遺伝子が機能していたわけだ。そんなばかな、われわれの眼とハエの眼が同じ遺伝子で形成されているわけがないじゃないかと信じられない方も多いと思う。

　では、そのように思われる方々に、もう一つ質問をしたい。

　「ヒトの眼をつくる遺伝子もハエの眼をつくる遺伝子も同じなら、それぞれの遺伝子を交互に入れ替えることができるはずである。では、本当に入れ替えたら、どうなるのだろうか？」

　たとえば、マウスの眼を形成するPax6をショウジョウバエに遺伝子導入したら、ショウジョウバエにマウスの眼ができるのだろうか？

　答えは、図6-7にある。遺伝子操作でマウスのPax6遺伝子を導入されたショウジョウバエの頭部のイラストである。大きな複眼が見えると思う。その近くに赤の矢印でさしているものは一体何だろう？　触覚の位置にあるのだが、そのすぐ左側の複眼とよく似てい

図6-7　マウス遺伝子のショウジョウバエへの遺伝子導入

ないだろうか？ じつはこのハエは触覚にマウスのPax6遺伝子が働くように遺伝子導入されたハエで、触覚の上にマウスではなくハエの眼を形成したのである。つまり、マウスの眼を形成する遺伝子は、ハエのからだのなかではマウスの眼をつくる遺伝子としてではなく、ハエの眼をつくる遺伝子として機能し、ハエの眼をつくったのである。すなわち、ハエとマウスの眼を形成する遺伝子は相互に入れ替え可能なのだ。

つまり、単眼と複眼ほどの違いも、眼をつくることに関してはまったく関係なく、地球の生物はすべて同じ遺伝子を使って眼をつくっていることがわかる。すなわち、ヒトの眼をもつ本郷猛は、問題なく複眼をもつ仮面ライダーに変身できることが遺伝子レベルで確かめられたわけである。

じつは、Pax6もeyelessもホメオボックス遺伝子であり、眼を形成するための最上位のマスター遺伝子として機能していることもわかっている。そんなマスター遺伝子がヒトと昆虫で入れ替え可能なのだ。地球上の生物がみな兄弟であることが容易にわかっていただけると思う。

COFFEE BREAK-6

トンボはくるくると指をまわすと、本当に目をまわすのか？

　トンボの目の前で指をまわすと、トンボは目をまわすと聞いたことがあるかもしれません。トンボが本当に目をまわすの？　そんなわけないと思いつつも、トンボ採りの名人は確かにトンボの目の前で指をゆっくりくるくるとまわし、みごとにトンボを捕まえているのを見たことがある人もいるかと思います。やはり、トンボは目をまわしているのでしょうか。

　答えはノーです。「やっぱりね」と思っている人もいるかもしれません。しかし、なぜトンボ採り名人はトンボの目の前で指をくるくるとまわすのでしょうか？　そしてなぜ彼らは上手にトンボを捕まえられるのでしょうか？

　これはトンボなど、昆虫の眼の構造を知る必要があります。それについては本文に書かれていますのでそこを参照してください（63、64ページ）。複

眼である昆虫の眼はヒトの眼と比べ、優れたところがいくつかあるのです。

　その1つが高い時間分解能です。「高い時間分解能??」と思われる方もいるかもしれません。時間分解能とは、1秒間に電気をつけたり消したりしたら、それを何回認識できますかということです。つまり、1秒間に何回の明暗の変化が起こったかを見分けることができるかという能力のことです。たとえば、テレビの画像は1秒間に30コマの画像を送り出し、少しずつ位置の違った映像の明暗と残像現象で映像が動いているように見えています。それに対し、複眼ではヒトの10倍もの300コマを感知できるのです。つまり、われわれの1秒はトンボには10秒ということになるのです。すなわち、昆虫はわれわれヒトの行動がスローモーションに見えていることになります。

　だからこそ、うっとうしいハエを「今度こそ」と、そーっと近づいて、いざハエたたきを振り下ろした時に、「ば〜か、おまえの行動なんがわかっているんだよ」といわんばかりに、ぷーんと飛んでいくわけです。悔しい思いをしながら見おくったことも多いでしょう。彼らにとって、われわれの行動はスローモーションなのです。さらに、トンボやハエは直線的に向かってくるものには敏感に反応できるのです。

　そろそろ、トンボ採り名人の話に戻しましょう。

　名人のトンボ採りにおいて、「スローモーション」と「直線的」、この2つがポイントになります。

　名人はゆっくりと指をまわし、近づいてトンボを捕まえます。じつは、トンボの目の前で、ゆっくりと指をまわすと、ただでさえわれわれの行動がスローモーションで見えている彼らにとっては、ゆっくり過ぎて指が止まっているように見えているのです。かつ、指をまわしているため、トンボとっては直線的に何も近づいていないと認識してしまい、油断してしまうのです。そして、名人の手にまんまとかかってしまうわけです。けっして、目をまわしたため、捕まったわけではないのです。

　昆虫の眼の不思議は、まだあります。聞きたい人は、授業の中で聞いてみてくださいね!?

7章 からだづくりの神秘3：
子どものころの不思議・疑問はわかったの？

　この章でもからだづくりについての話をもう1つ続けたい。

　それは小さな子どものころに思った素朴な疑問や不思議についてである。子どもはいろいろな質問を大人に投げかけてくる。たわいない話から、大人も知らず答えられない難問まで幅広い。では、次のような質問を、子どもたちがお母さんにしているのを見たり聞いたりしたことはないだろうか？

　「どうしてこの大きい指がお父さん指で、一番小さいのが赤ちゃん指なの？（幼児である）〇〇ちゃんの指は小さいの？　私も大きい指がいいー」「ワンちゃんはどっちもあんよなのに、どうして〇〇ちゃんはおててとあんよがあるの？　おててとあんよは違うの？」などなど。

　お母さんたちはどのように答えているだろうか？　「仕方がないのよ、最初からそう決まっているんだから！」なんて答えていないだろうか？

　科学の発展により、そのような子どものころの不思議や疑問についても最近よくわかってきているので、それについて簡単に説明したい。

7.1　お父さん指と赤ちゃん指

　もう一度、図6-1（57ページ）を見ていただきたい。前章でも説明したが、四角く囲われている段階は脊椎動物のある発生段階を示している。この段階では、脊椎動物の種類に関係なく、手足を除いたからだづくりはほとんど完了している。この発生段階のすぐあとに、手足のもととなる原基という細胞群が両脇腹に上下2対のふくらみとして形成されはじめる。そのふくらみは前後左右などの方向性（軸）をもって伸びていき、最終的に手足となっていく。

　この研究は初期のころには主にトリを使って研究がなされた。その理由は

2つあり、その1つは、トリは卵殻のなかで発生するからである。無菌条件下で卵の殻にあなを開け、そのあなから移植などの研究処置をしたあと、サランラップなどであなをふさぎ、再び孵卵器(ふらん)にもどすと、その移植操作された卵は、ひよこにまで成長することができる。しかし、哺乳類の場合では、このような研究をするには、母親のおなかを開き、胎児を取り出さなくてはならない。場合によっては、どちらか殺さなければならない可能性が高い。トリの場合、そのような心配はまったくない。

　もう1つの理由は図7-1を眺めながら説明しよう。

　図7-1は種々の脊椎動物の手足の骨格標本のイラストである。このなかで

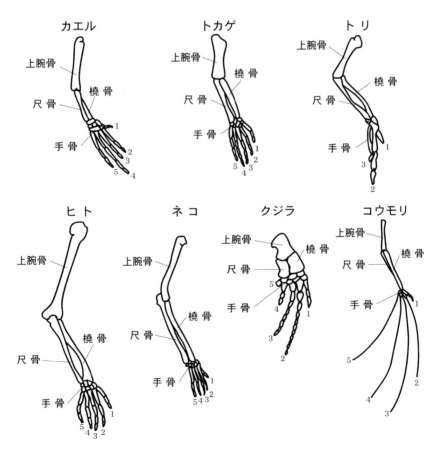

図7-1　手足の骨格標本

トリは系統進化的にはカエルなどと比べてより高等であるにもかかわらず、ヒトなどと比べて指の構造などがずいぶん違っている。むしろカエルやトカゲの骨格の方がトリよりもヒトの骨格と酷似している。また、クジラやコウモリはヒトと同じ哺乳類であり、基本的な骨格はヒトと同じであるはずだが、見た目の骨格はヒトとずいぶん異なり、やはりカエルやトカゲの方がヒトに近いように見える。これは、系統進化的に両生類より高等な脊椎動物すべてが基本的に同様の形態形成により手足を形成していることを示している。

　すなわち、トリやクジラの骨格はヒトとかなり異なるように見えるが、ヒトの骨格を知りたい場合、カエルやトカゲをはじめとして、トリを代わりに使っても基本的には同じであることを意味している。トリもヒトも肩から先は、上腕骨、橈骨、尺骨、手根骨、中手骨、指骨と並んでいる。違うのは、指の数がトリは3本に対し、ヒトは5本であることぐらいだ。トリは手を翼にする際に指の骨が5本もいらなかったのかもしれない。つまり、手足の発生過程を知るうえで、ヒトである必要はなく、トリで問題ない。

　少し横道にそれたが、このようにトリを使って手足の形成メカニズムの研究は進み、以下のようなことがわかってきた。

　図 7-2 は手足の原基である**肢芽**というふくらみが脇腹に形成された図であ

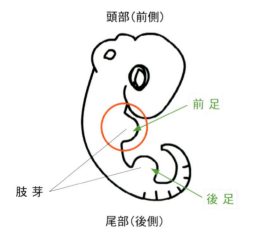

図 7-2　肢芽

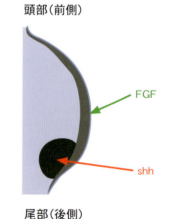

図 7-3　FGF と shh の遺伝子発現

り、このふくらみの1つを赤丸で囲んでいる。その赤丸で囲んだふくらみの部分の拡大図が図7-3であり、肢芽における遺伝子発現をイラストにしたものである。*in situ* hybridization という特殊な方法により、肢芽において重要な遺伝子が働いている場所を示すことができる。肢芽のふくらみをかたどるかのように染まっているのが**線維芽細胞成長因子（FGF）**であり、下側に半楕円状に染まっているのが shh という遺伝子である。その shh が染まっているところは位置的に手の小指側である。すなわち、この shh という遺伝子こそが赤ちゃん指をつくるための重要な遺伝子である。

　shh の正式名称は**ソニック・ヘッジホッグ（shh）**というが、どこかで聞いたことがある人もいるのではないだろうか？　それは図7-4で示されている、セガのゲームキャラクター、ソニック・ザ・ヘッジホッグである。shhという遺伝子は小指を決定する（決める）以外にも、神経の形成や毛の生える向きを決めるなど重要な働きをしている。

　しかし、この重要な遺伝子にどうしてセガのゲームキャラクターの名前がついたのか？　じつは、生命科学の分野では発見した現象やメカニズム、遺伝子などに関しては、発見者が好きに名前をつけてよいことになっている。ハーバード大学でこの shh を見つけた博士研究員は、自分が大好きだったコンピュータゲームのキャラクターの名前を、自分が見つけた遺伝子の名前としてつけたのである。そのようなことをする研究員も研究員だが、それを許容する教授も寛大な人であると感心してしまう、有名な話である。

　話がまた横道にそれてしまったが、この shh こそが小指を決める遺伝子であることに間違いない。では、この shh 遺伝子を遺伝子操作で親指側にも発現させるようにしたら、どのような手になるのだろうか？　小指がもう一つできるのだろうか？

　なんと図7-5のような重複肢の手が形成されたのである。つまり、手が中央の点線を隔てて鏡像対象の状態で2倍になったのである。これは何を意味

図 7-4　ソニック・ザ・
ヘッジホッグ
©SEGA

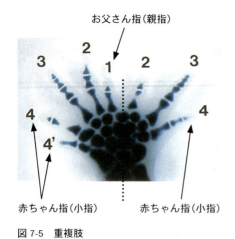

図 7-5 重複肢

するのか？　小指を形成する遺伝子は他の指の形成より上位であり、小指さえ決まれば、親指を含めてその他の指のパターンも必然的に決まるということを意味している。つまり、小指の形成の方が親指より大事ともいえるのだ。

　だからこそ、読者諸君は、もし将来子どもに「どうしてお父さん指は大きくて、赤ちゃん指は小さいの？」と聞かれたときには、「お父さん指は太くて偉そうにしているけど、赤ちゃん指が一番大事なんだよ。ちっちゃくても赤ちゃん指がないとお父さん指はできないんだ」とぜひ答えていただきたい。子どもたちはとても喜ぶと思うし、本当のことなのだから。

　しかし、指のパターンが形成されただけでは正常な手と腕が形成されたとはいえない。つまり、手首から先だけでなく、手首から肩までの腕の部分がなくては、正常な手として短すぎる。上腕や下腕および手の部分もつくる必要がある。そのため前述したFGFが重要な働きをし、手や足を正常な長さに伸ばしている。もし、このFGFがなくなると、正常な手の指のパターンさえも形成されなくなる。

　このFGFやshhのような因子はタンパク質として細胞から分泌され、周りの細胞の増殖など生理作用を引き起こすことから、**分泌性細胞成長因子（分泌性細胞増殖因子）** と呼ばれ、生物の形態形成に欠かせない因子である。この分泌性細胞成長因子の仲間としては他に、インターロイキンや、C型肝炎の特効薬として知られているインターフェロンなどリンフォカインを含む**サイトカイン**というものがある。

7.2 あんよとおてて

章のはじめの子どものころの不思議のもう1つに「ワンちゃんはどちらもあんよなのに、どうして〇〇ちゃんはおててとあんよがあるの？ おててとあんよは違うの？」という「あんよとおてての違い」もあった。

これもトリを使った研究で明らかになった。トリは何といっても、前足が翼で、後足がいわゆる足となっているため、両者は容易に区別できる。

じつは、この翼と足は、たった2つの兄弟のような遺伝子の違いによって決まっていることがわかっている。図7-6を見ていただきたい。

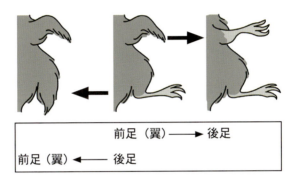

図7-6 前足と後足

3つのイラストの中央は正常なトリの翼と足が示されているが、それに対し、その右のイラストは翼が足に変わり、両方とも足になっている。また、左のイラストは足が翼に変わり、上下両方とも翼になっている。つまり、左右のイラストは翼が足に、足が翼に変化している。この驚くべき現象は、Tbx5とTbx4という兄弟のような遺伝子を遺伝子操作で入れ替えることで起きる。Tbx5という遺伝子は手（翼）を決める遺伝子であり、それと酷似した遺伝子であるTbx4が足を決める遺伝子である。それを遺伝子操作で機能する場所を交互に入れ替えると、手足が逆転する。すなわち、われわれの手足の違いは、このTbx5とTbx4という兄弟のような2つの遺伝子が働く組織の違いでできていたのだ。

同様に、手のひらと手の甲を決める遺伝子もわかっている。つまり、生命科学の分野では、このような子どものころのからだの不思議がわかってきている。子どものころの夢や不思議がなくなるようで、さびしい気もするが、これにより将来の医療が進むのならば、歓迎すべき研究成果でもある。

　この Tbx という遺伝子は、ホメオボックス遺伝子と同様に、転写調節因子と呼ばれ、DNA に結合し、下流の遺伝子の転写（RNA 合成）を調節することで、間接的にタンパク質合成を調節し、生命現象を上位で調節できる遺伝子である。

　これら数多くの遺伝子の働きにより、われわれの生命現象は絶妙に成り立っているわけである。

COFFEE BREAK-7

馬の走り方

　古くからわれわれの文化とかかわりのある馬。みなさんもテレビなどで、走っている姿を目にしたことがあると思います。

　どのように走ってましたか？　細く長い「足」で、大地を力強く蹴って走っているように見えましたよね。でも、じつはそれ、間違いなのです。……少し説明しますね。

　この章でも手足の形成についての話がありましたが、脊椎動物の手足の形成の仕方は種を越えてほとんど一緒で、骨格標本も骨の大きさ以外はほとんど一緒です。ちょっと、下の図を見てください。

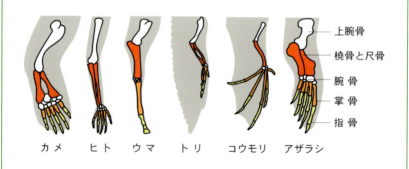

この図からわかることは、多くの人が馬のひざと思っているところは、じつは馬の手首、足首のところなんです。そのうえ、馬の指はたったの1本。つまり、馬は、ほとんど1本の指と手首を使って走っているのだということです。それを人間にたとえて想像してみると滑稽ですが、それが事実なのです。

また、同じ哺乳類であるコウモリもイルカもちゃんと肩から上腕骨、橈骨と尺骨、腕骨、掌骨、指骨でできています。つまり、イルカやクジラのひれの中にはわれわれヒトと同じつくりの骨があり、彼らはかつては陸上に生活していた動物が再び海に戻って、手足をひれに変えたということがわかると思います。

さらに、この骨のつくりを見ていくと、コウモリも腕を使ってではなく、じつはほとんど手のひらだけを使って飛んでいることもわかるのではないでしょうか!?

このようにすらっとした細い足(本来は、ほとんど指)で立っている馬ですが、どうやって寝ているのか知っていますか? そりゃ、われわれと同じように、横になって寝ているでしょうと思うかもしれません。

しかし、またしても違うのです! じつは、馬は通常立ったまま寝るのです。まったく横にならないわけではありませんが、4、500kg近くある体重と内臓や皮膚との関係で、長時間横になって寝ることはできないのです。ですから、あの細い足というか指で立ったまま寝るわけです。「それは大変だろうに、横になって寝ればいいのに」と思うかもしれませんが、その横になって寝る方が馬にとっては致命的になりうるのです。競走馬が骨折すると安楽死にされると聞いたことがあるかもしれませんが、それも立ったまま馬が横になって寝られないことと密接にかかわっています。同じ哺乳類でもいろいろな寝方をする動物がいるわけです。

哺乳類の寝る話は、このあとのコーヒーブレイクにも出てきますが、それはまた本を読み進めて、各自で見つけてみてください。

8章 生体防御機構としての免疫反応

われわれのまわりには、細菌とウイルスがうじゃうじゃといる。それにもかかわらず、われわれが病気にならないのは、生体防御機構があるからだ。

生体防御というと、多くの人はすぐに免疫反応だ、抗体だと思うかもしれない。しかし、本当の最前線でからだを守っているのは表皮細胞である。この表皮細胞でほとんどの細菌やウイルスが体内に侵入するのを防いでいる。われわれがすぐに思い浮かべる生体防御（免疫反応）は、外傷などにより体内に細菌類が侵入したときになって、はじめて動きだす反応である。

8.1 白血球とは ― 赤血球は1種類、白血球も1種類？

「白血球とは何か？」「赤血球とはどのように違うのか？」また、「リンパ球とは何か？」を説明できるだろうか？

簡単にいえば、白血球とは、血管や体液内を流れている細胞のうちで、赤血球以外の血球細胞である。**マクロファージ、顆粒球、T細胞、B細胞、NK（ナチュラルキラー）細胞**などが白血球に属する（図8-1）。そのうち、T細胞、B細胞、NK細胞が**リンパ球**である。

では、これら血球系細胞はどこでつくられるのだろうか？　血管内で？肝臓で？　そう思っている人も多いかもしれないが、それは違う。じつは、骨のなか、いわゆる**骨髄**のなかでつくられる。骨髄とは骨のなかの間隙にあるドロドロとした液体状組織で、ここに存在する**造血幹細胞**からさまざまな血球系がつくられる（図8-2）。そのうちで、白血球の数は1日約10億個にもおよぶ。

8章 生体防御機構としての免疫反応

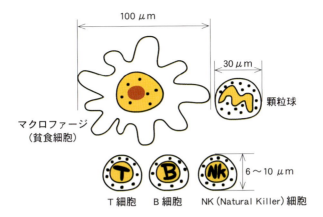

図 8-1　白血球　〜外敵に対する闘いの主役〜

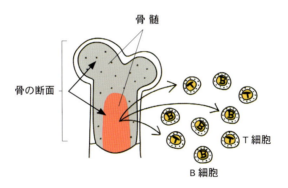

図 8-2　白血球は骨髄でつくられる

8.2　非特異的生体防御

　免疫の方法には大きく分けて2種類のタイプが存在する。1つ目は**非特異的生体防御**と呼ばれ、もう1つは**特異的生体防御**と呼ばれている。非特異的生体防御とは、侵入してきたウイルスなどの外敵が何であれ、即座にやっつける防御方法であり（図8-3）、特異的生体防御とは外敵（抗原）が体内に入ってきたら、それに合わせて**抗体**という武器をつくって戦う防御方法（**抗原抗体反応**）である（図8-4）。

77

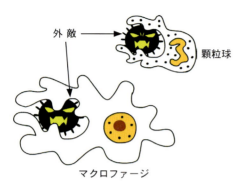

図 8-3　非特異的生体防御　　　　　図 8-4　特異的生体防御

　非特異的生体防御の主役である戦士たちには、①顆粒球、②マクロファージ、③ NK 細胞があり（図 8-1）、外敵が侵入する前から攻撃の準備ができている。1 つずつ説明していこう。

顆粒球；顆粒球は大きく**好酸球**、**好塩基球**、**好中球**に分けられ、違いはあるものの、どれも外敵を見つけると即座に食べてしまうことで外敵をやっつける（図 8-5）。また、この反応は死んだ顆粒球細胞自体の残骸などもすべて食べてしまう。そのため、食べ過ぎて自爆することも多い。この自爆した残骸がいわゆる膿である。

マクロファージ；マクロファージも顆粒球と同様に外敵を見つけて食べることが仕事である。マクロファージと顆粒球の違いは、マクロファージはかなり大きなものまで食べることができるのに対し、顆粒球はあまり大きいものまでは食べられない（図 8-3）。さらに、マクロファージはかなり下等な生物においても存在が確認されており、免疫反応の原点であると考えられている。すなわち、マクロファージは顆粒球と違い、ただやみくもに外敵を食べるだけではなく、抗原抗体反応にもかかわっている（図 8-6）。

NK 細胞；最後に、NK 細胞についてだが、正式名称は**ナチュラルキラー細**

胞といい、その名のとおり「天然の殺し屋」で、いきなり外敵を殺す働きをもっている（図8-7）。正式にはリンパ球の一種であるが、T細胞やB細胞と違い、ウイルスに感染した細胞やがん細胞など種類に関係なく、見つけた途端、速攻で攻撃する役目をもっている。

顆粒球

・外敵を見つけると即座に食べてしまう

・免疫反応の残骸さえも食べてしまう

・そして、食べ過ぎて自爆することもある
　→膿（うみ）

図8-5　非特異的生体防御の戦士1

マクロファージ

・下等な生物にも存在（＝免疫の原点）
・やみくもに外敵を食べるだけでなく、抗原抗体反応にもかかわっている
　（顆粒球とは違う）

図8-6　非特異的生体防御の戦士2

NK細胞

Natural Killer（天然の殺し屋）の名のとおり、いきなり外敵を殺す

図8-7　非特異的生体防御の戦士3

細菌やウイルスは、いつわれわれのからだの中に入ってくるかわからない。われわれの状況や体調に関係なく、絶えずやってくる。そのような外敵にすぐに対処できるように顆粒球、マクロファージ、NK細胞が体内を絶えず監視しているのだ。このような生体防御を**非特異的生体防御**と呼ぶ。

8.3 特異的生体防御

▶▶ 8.3-1 B細胞 ― 液性免疫の主役

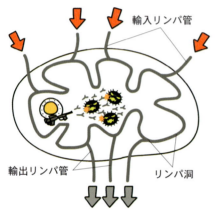

特異的生体防御の戦士たちとしては、**B細胞**と**T細胞**が存在する。これらは全身、とくに血管やリンパ管をパトロールして、侵入してきた外敵に対して抗体のような武器をつくって戦う。とくに**リンパ節**はその主戦場となる場所であり、からだ全身に張りめぐらされたリンパ管の集合中継地点である。そのため、風邪などをひくと扁桃腺などリンパ節が腫れる（図8-8）。

図8-8 リンパ節 〜特異的生体防御の戦場〜

B細胞はリンパ球の一種で、外敵がどのようなものであるかを認識した後、**形質細胞**に変身して、外敵に対する最も有効な抗体をつくり攻撃を行う（抗原抗体反応、図8-9）。この抗原抗体反応により抗原が排除されたあと、この抗体をつくる形質細胞は**メモリー細胞**となり、次に同じ抗原が体内に侵入してきたときに速やかに免疫反応できるように備えている。

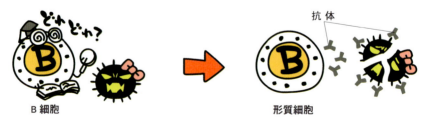

図8-9 特異的生体防御の戦士B細胞

B細胞がつくることができる抗体の種類は、およそ数百万種類といわれている。では、それら数百万種類すべての遺伝子が細胞のなかに常にそろっているのだろうか？　それともそれぞれ違う抗体をつくれるように最初から個々のB細胞内に別々に準備されているのだろうか？

　答えはどちらでもなく、じつはB細胞は細胞核内にあるいくつかの遺伝子セットを組み合わせ、適宜外敵撃退に最適な抗体をつくるのだ。この遺伝子セットを組み合わせることを**遺伝子の再構築**といい、日本の利根川進博士が見つけ、ノーベル生理学・医学賞をもらったこと（1987年）で有名である。

　この遺伝子の再構築は、服装のコーディネートとよく似ている（図8-10）。たとえば、ある種の遺伝子セットをジャケットやシャツなどのセットにたとえた場合、帽子5種類、メガネ2種類、上着4種類、パンツ4種類、靴3種類があったとしたら、服装の組み合わせは 5×2×4×4×3 ＝ 480 通りになる。抗体作成のための遺伝子も、このようないくつかの部品遺伝子が集まった遺伝子セットが数種類ずつあり、その組み合わせで外敵を攻撃するための最適な抗体をつくるように遺伝子を再構築できるのだ。ちなみに、このような遺伝子の再構築ができるのは、B細胞とT細胞以外になく、それ以外の体細胞はすべてまったく同じ遺伝子を常にもっている。たとえば、表皮細胞の遺伝子は、肝細胞の遺伝子とはまったく同じである。すなわち、B細胞とT細胞だけが遺伝子の再構築を行うため、他の体細胞と遺伝子が異なっているのだ。

図8-10　遺伝子の再構築

では、その抗体とはどのようなものなのだろうか？　図 8-11 に抗体の模式図を載せた。抗体という飛び道具は**免疫グロブリン**と呼ばれるタンパク質であり、図のように Y 字型をしている。Y 字の上の方のストライプのあるあたりが抗原に付くように再構築された部分である。その抗原と結合する部分以外には、外敵の細菌の細胞膜に穴をあけるような**補体**というタンパク質を呼び寄せたり、マクロファージを呼び寄せるための部分も存在する。その点がマクロファージが免疫反応の原点ともいわれる所以である。

　B 細胞が出す免疫グロブリンという抗体はタンパク質であり、体液に溶けて働く。それゆえ、B 細胞がかかわる免疫反応を**液性免疫**(**体液性免疫**)と呼ぶ。

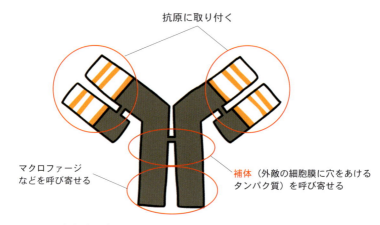

図 8-11　免疫グロブリン

▶▶ 8.3-2　T 細胞 ― 細胞性免疫の主役

　次に、特異的生体防御のもう 1 つの主役である **T 細胞**について説明しよう。B 細胞が免疫反応の実動部隊だとすると、T 細胞は免疫反応の指揮官のような働きをする。そのため、T 細胞は他の血球細胞と同様に骨髄でつくられたあとに、胸腺へ移動し、そこで成熟する（図 8-12）。すなわち、胸腺で免疫の指揮官としての専門教育を受ける。その指揮官としてのトレーニングを終える（成熟する）と、T 細胞は**ヘルパー T 細胞**、**キラー T 細胞**、**サプレッ**

8章 生体防御機構としての免疫反応

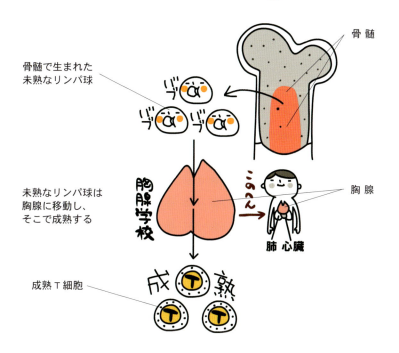

図 8-12 免疫反応の指揮官

サー T 細胞という 3 種類の T 細胞に分化する。それぞれの T 細胞の働きは、①ヘルパー T 細胞がリンフォカインという分泌性因子（生理活性物質）を放出し、マクロファージや B 細胞に攻撃指令を出す。②キラー T 細胞はウイルスに感染した細胞などに穴をあけて破壊する役目を行う。キラー T 細胞によって破壊された感染細胞から飛び出したウイルスは B 細胞の抗体などによって始末される。③サプレッサー T 細胞はヘルパー T 細胞に働きかけて攻撃の終了（免疫反応の終了）を促す働きをしている（図 8-13）。

このように、同じリンパ球でも、B 細胞と T 細胞では、抗体を作成するか、細胞自体で行うかというように戦い方が異なる。そのため、T 細胞の免疫反応を B 細胞の液性免疫に対し、**細胞性免疫**と呼び、区別している。

細胞性免疫の主役である T 細胞は胸腺で成熟すると説明した。その胸腺は子どもと大人で大きく変わっていくのを知っているだろうか？　じつは、

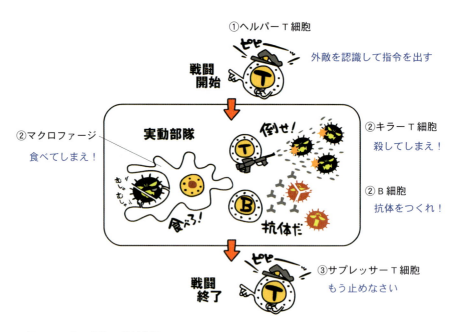

図 8-13　各 T 細胞の役割分担

赤ちゃんや子どもの時期は生まれて間もないため、まだ知らない外敵が多いこともあり、彼らの胸腺は、からだの大きさの割には大きくかつ活発に活動している。それに対し、思春期を過ぎ、大人になると胸腺は萎縮しはじめ、高齢者になると胸腺細胞のほとんどが脂肪細胞に置き換わってしまう（図 8-14）。すなわち、年をとるとともに胸腺は萎縮するため、T 細胞が十分に成熟できなくなり（十分な教育を受けられなくなり）、外敵を適切に見つけ攻撃することもできなくなる。ひどい場合は、自分自身さえも敵と見なし、攻撃するようにもな

図 8-14　子どもと大人の胸腺の違い

る。この現象こそが高齢者が病気にかかりやすくなる理由の一つであり、老化現象ともかかわっていると考えられている。

▶▶ 8.3-3 　ワクチン

このように巧妙にできている生体防御機構を利用したのが、**ワクチン**である。外敵を記憶した B 細胞（形質細胞）は変身してメモリー細胞になり、再びその外敵が体内に侵入すると、ただちに抗体をつくり、撃退できるように備えている。たとえば、よく知られているのが、はしかである。はしかは一度かかると二度とかかることはないが、それは体内にはしかのウイルスを認識したメモリー細胞が存在するからである。

このワクチンのつくり方には主に 2 通りがある。病原性の高いウイルスでは病気にかかってしまうため、病気にならない程度まで弱らせたウイルスを用いて、そのウイルスに対する抗体をつくらせる方法と、有害なウイルスとよく似た無害なウイルスで有害なウイルスを攻撃できる抗体をつくらせる方法の 2 通りである。

このワクチンの開発で撲滅できた病気が、天然痘である。ウシには天然痘とよく似た牛痘（ぎゅうとう）という病気があるが、ヒトでは症状が軽いため、牛痘のウイルスを種痘として使用し、B 細胞に天然痘のウイルスとして認識させ、天然痘の抗体を作成できるようにした（図 8-15）。これにより、天然痘はこの地球上から完全に消滅した。

ワクチン（vaccine）という言葉は、ラテン語の牛痘 vaccinia に由来している。

図 8-15　天然痘の根絶

8.4　免疫とアレルギー

　免疫反応はわれわれの体をウイルスなどの外敵から守るために重要な働き
をしているが、それが何らかの理由で過敏に反応してしまったのが**アレルギ
ー**である。たとえば、スギやヒノキの花粉にB細胞やT細胞が過敏に反応
しすぎたため、正義の味方であるB細胞やT細胞が、自分のからだまで攻
撃するようになる。つまり、アレルギーとは、免疫反応が正常に働かず、自
分自身の組織さえも壊してしまう病気である。

　アレルギーの原因には、当然、花粉やほこりなどアレルギー物質（アレル
ゲン）もあるが、栄養の摂りすぎや精神的ストレスによっても引き起こされ
る。現代社会に住んでいるわれわれは、とくに注意が必要ではないだろうか。

8.5　免疫とがん

　がんは現在でも死因の第1位であり、依然多くの人に恐れられている。

　しかし、じつはわれわれのからだには、がんを防ぐメカニズムも免疫反応
として備わっている。ヘルパーT細胞からの指令によりキラーT細胞は特
定のがん細胞を殺せるようになっているし、NK細胞はがん細胞を見つけた
ら、すぐにそのがん細胞を殺すこともできる（図8-16）。

　では、どうしてがんになってしまうのか？　じつは、前述したようにわれ
われは年を重ねるごとに、胸腺が萎縮していくため、T細胞の成熟が不完全
になってしまう。そのため、成熟していないヘルパーT細胞やNK細胞が
できてしまい、がん細胞を適切に排除できなくなる。これが高齢者になるほ
どがんになりやすくなる理由の一つである。

　しかし、現在この免疫のメカニズムを利用して、がん患者から採取したリ
ンパ球を細胞培養し、がん細胞を破壊する能力を高めリンフォカイン活性を
あげたキラーT細胞（LAK細胞）をつくり、そのキラーT細胞から放出さ
れた物質をがん患者にもどすという**LAK療法**や、類似した**CAT療法**などを
用いた治療も行われている（図8-17）。

　さらに、最近、これまでとはまったく逆の発想から生まれた**がん免疫療法**

が、末期の大腸がんさえも完治できるかもしれないとして注目されている。

免疫に関してはとても多くのことがわかっているが、本書ではそのほんの一部を紹介したにすぎない。より詳しく知りたい人は、他の専門書などを参考にして、さらに知識を深めていただきたい。

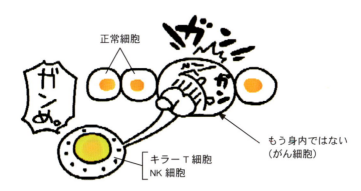

図 8-16　NK 細胞によるがん細胞の殺傷

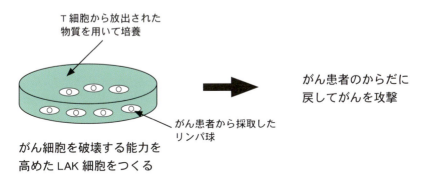

図 8-17　LAK 療法

9章 がん

9.1 がんとは ― 正常な細胞とどこが違うの？

　前述したとおり、医学や医療技術が発展した現代においても、がんは病気による死因のトップであり、こわい病気の1つである。数十年ほど前、多くの国では2000年までにはがんは撲滅できると予想し、多くの国家予算が計上された。しかし、2000年をゆうに過ぎた今でも、依然として死因のトップががんであることは悲しいことであるが、それほどまでにがんという病気の治癒が難しいことも意味している。

　どうしてがんはこれほどまでに恐ろしい病気なのだろうか、また、われわれを死に追いやるがんには胃がん、肺がん、大腸がんなど多くの種類が知られているが、何が違うのだろうか？

　がんはもともとは自分のからだから生まれる。からだの一部の正常な細胞が突然、無限に増殖する機能を獲得し、無秩序な増殖を行う。結果、その無限増殖するがんに個体が乗っ取られ、最終的に死に至る。したがって、がんの一番の特徴は「無限増殖」という機能を獲得したことである。そして、各がんの名前は、無限増殖をしている場所（組織）ごとに、胃なら胃がん、大腸なら大腸がんと呼んでいるだけである。

　では、正常な細胞ががん細胞のように無限増殖のように増えることはないのだろうか？　これはあとの説明とも関連してくるが、正常な細胞であっても、胚発生の初期過程ではがん細胞のように無限増殖のような振る舞いをする時期がある。それは、受精卵から卵割を繰り返し多細胞生物に発生する胚発生の初期過程である（図9-1）。ただし、正常な細胞が機能をもった細胞になる（細胞の**分化**と呼ぶ）につれて、無限増殖のような細胞分裂は停止する。

じつは、がん細胞の無限増殖と、増殖を途中で停止することができる正常な細胞の無限増殖様の増殖には、大きな違いがある。

細胞が分裂するときに、染色体という遺伝子の集合体が出現し、その染色体の4つの末端には**テロメア**と呼ばれる特殊な遺伝子配列をもつ部分が存在する。このテロメアの長さは、正常な細胞では細胞分裂ごとに短くなるが、がん細胞では**テロメラーゼ**と呼ばれるテロメア伸長酵素が活性化しており、細胞分裂後でも短くならない。そして、正常な細胞では、テロメアがある短さになると細胞分裂できなくなるのである。つまり、がん細胞が無限に増殖できるのはテロメアが短くならないためである。

このように、テロメアの長さは正常な細胞とがん細胞を区別する1つの重要な指標になりうる。ただ、テロメアの長さだけでがんのすべてを説明することはできないので注意していただきたい。

次は、がんの原因、がん化のメカニズムなど、がんについて現在わかっていることを簡単に説明しよう。

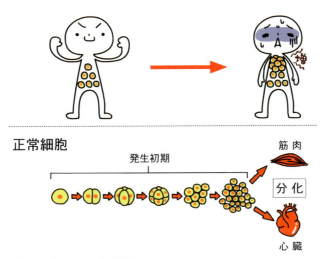

図 9-1　がん細胞と正常細胞

9.2　がんの原因

がんの原因としては、ウイルス説、突然変異説、環境要因説が存在するが、これから述べるそれぞれの説について説明を読みながら、どの説が正解かを見つけてみてもらいたい。

▶▶ 9.2-1　ウイルス説

がんの原因として最初に挙げられるのはウイルス説であろう。この説は、アメリカの病理学者ラウスによって、宿主細胞に感染するとがんを引き起こすウイルスが発見されたこと（1911年）に端を発した（図9-2）。

図 9-2　がん化の原因

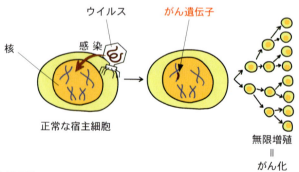

図 9-3　がん遺伝子

9章 がん

　その宿主細胞をがん化するウイルスを調べた結果、がんを引き起こす遺伝子が発見され、**がん遺伝子**（oncogene）と名付けられた。ウイルスが正常な細胞に感染することにより、強力ながん遺伝子が細胞内にもち込まれ、無限的な細胞分裂（発がん）を引き起こすとする説である（図 9-3）。

　最初に見つかったがんウイルスはトリに感染するラウス肉腫ウイルス（RSV）であった（図 9-4）。このラウス肉腫ウイルスは**逆転写酵素**という酵素をもつ**レトロウイルス**の一種である。このラウス肉腫ウイルスは、ウイルスの遺伝子がリボ核酸（RNA）であるという **RNA ウイルス**である。そのため、宿主細胞に感染すると、宿主細胞の遺伝子である DNA 内に潜伏するために、ウイルス遺伝子である RNA を、逆転写酵素の働きで RNA から DNA に変換し、宿主細胞の DNA 内に紛れ込ませる。このように宿主細胞の遺伝子のなかに潜伏したウイルスのことを**プロウイルス**と呼ぶ（図 9-5）。

　RNA ウイルスの仲間としては、他にインフルエンザウイルスやエイズウイルス（HIV）がある。インフルエンザにしろ、HIV にしろ、感染してすぐに病気が発症することは少なく、多くの場合、潜伏期間がある。これは、これら RNA ウイルスたちが RNA から DNA に姿を変え、宿主細胞の DNA のなかにプロウイルスとして潜伏し、宿主の状況をみて病気を発症させているからである。

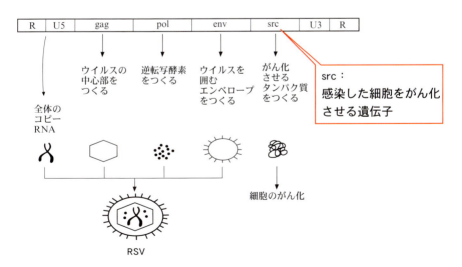

図 9-4　RSV の構造

このラウス肉腫ウイルスは図 9-4 のような遺伝子構造をしており、gag、pol、env という遺伝子に加えて、src（サークと呼ぶ）という遺伝子が存在する。前述したようにラウス肉腫ウイルスは、トリの細胞に感染すると、遺伝子である RNA を逆転写酵素により DNA に変換後、感染した細胞の DNA 内にプロウイルスという形で紛れ込む。その後、自分の子孫を増やすために感染した細胞内の材料を使って、ウイルスの遺伝子やタンパク質をつくっていく。その際に細胞をがん化させる src というタンパク質も作成され、これが感染した細胞をがん化するのである（図 9-5）。このようにウイルスが感染することにより、がんが発症するのだ。
　この研究のあと、多くのウイルス由来のがん遺伝子が次々発見された。

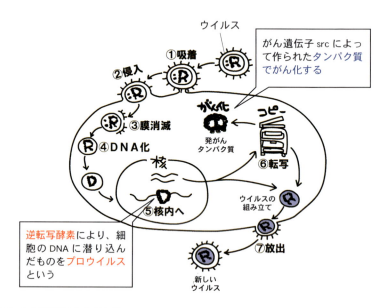

図 9-5　RSV 感染によるがん化

9.3　がん遺伝子　— がん遺伝子は本当に悪なのか？

▶▶ 9.3-1　がん遺伝子とは

　srcのようながん遺伝子が細胞をがん化させることがわかり、また同様に細胞をがん化させる遺伝子も多数見つかった。では、このようながんを引き起こすウイルスやがん遺伝子をすべて見つけだし、がん遺伝子やウイルスを壊してしまえば、がん化を防げるのではないだろうかと考えられたが、じつはそうたやすくはなかった。それは、がん遺伝子をもつウイルスが多くありすぎるからだろうか？

　その理由は、がん遺伝子がわれわれの正常な細胞にも存在していたからである。別の言い方をすれば、がん遺伝子をもたない正常細胞など存在しないのだ。そんなばかなと思われる方もいるかと思うが、それが真実である。

　もう一度がんの特徴について思い出してみよう。がんの一番の特徴は無限増殖であった。そこにがん化を引き起こす原因がありそうである。次に、その正常細胞と無限増殖について考えてみよう。

　われわれヒトを含めた多細胞生物は、もともとはたった1つの受精卵から始まり、無限とも思われるほどの細胞分裂を繰り返している。発生が進むにつれて、一部の細胞はさまざまな細胞に分化し、複雑な機能をもった多細胞生物となる（図9-6）。ヒトの細胞数は37兆個といわれているが、それも1つの受精卵から始まり、途方もない回数の細胞分裂を繰り返さなくては37

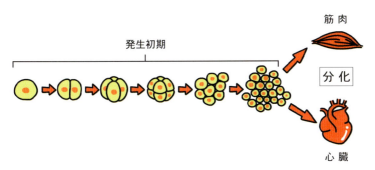

図9-6　がん細胞のように増える正常細胞

兆の細胞数には達しない。つまり、正常細胞に存在するがん遺伝子は、1細胞だった受精卵を37兆という多細胞生物にするときに重要な働きをしていた遺伝子である（図9-7）。正常細胞内のがん遺伝子たちは正常な細胞の細胞分裂を促進したり、細胞分裂と密接にかかわる遺伝子群なのだ。

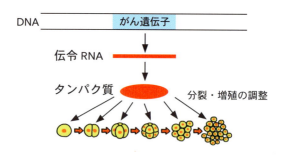

図9-7　がん遺伝子は正常な細胞にも存在する

　ただし、この発生過程における細胞分裂で重要な働きをしていたがん遺伝子たちも、分化や個体発生が完了すれば、これ以上細胞分裂をさせる必要はなくなる。そうなれば、がん遺伝子たちの仕事も終わり、細胞分裂は終息する。すなわち、正常な細胞内にあるがん遺伝子たちというのは、かつてはからだのどこかで細胞分裂という重要な仕事をしていたが、その仕事の時期を終え、退職して（？）、静かな老後を送るべき遺伝子たちである。それが突然変異など何らかの理由で再び目覚めてしまい、もう一度細胞分裂を無秩序に始めるとがんになる。つまり、がん遺伝子とは、もともとわれわれのからだに必要な遺伝子であり、これらがなければ、われわれはこのような多細胞生物にはなれなかったわけだ。もしがん遺伝子を壊されたら、われわれはヒトとして生まれてくることができなくなる。

　このようにわれわれの細胞内にもともと存在し、重要な働きをしていたがん遺伝子を**がん原遺伝子**（proto-oncogene）と呼ぶ。

　では、がんウイルスに存在するがん遺伝子と正常な細胞に存在するがん原遺伝子とはどのような関係にあるのだろうか？　それには**エクソン**、**イントロン**など難しい言葉やメカニズムなどもいろいろ出てくるので、詳しい解説はコラム（106ページ）に任せることにして、ここでは簡単に説明しよう。

▶▶ 9.3-2　がんウイルスとは

　がんを引き起こすウイルス（がんウイルス）は、もともとはがん遺伝子などもっていなかったし、多くの場合、がんを引き起こすこともなかった。では、どのようにしてウイルスたちはがんウイルスとなったのか？　じつは、ウイルスたちはわれわれの正常な細胞内にあるがん遺伝子（がん原遺伝子）を盗んだのだ。

　前述したようにレトロウイルスなどは、感染した細胞の DNA のなかにプロウイルスとして紛れ込んでいる。そして、感染者の症状によりその宿主細胞内の DNA 内から再び出ていく。しかし、その宿主 DNA 中から出ていく際に、そのウイルスが潜伏していた周辺の宿主細胞の DNA を間違えて一緒にもって出てしまったのだ。その間違えてもっていった遺伝子が偶然、細胞分裂にかかわる遺伝子（がん遺伝子）だったのである（図 9-8）。

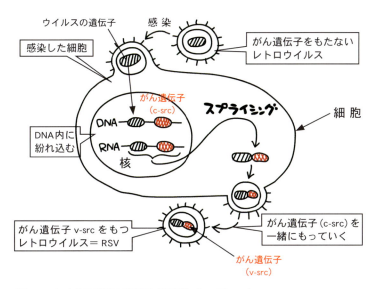

図 9-8　ウイルスががん遺伝子を勝手にもっていった

　がん遺伝子を盗んだウイルスは、その後、がんウイルスとなり、宿主細胞の細胞分裂を引き起こすことができるようになるわけだ。すなわち、基本的

にはウイルスのがん遺伝子も正常な細胞のがん遺伝子（がん原遺伝子）も同じ遺伝子である。ただ、正常な細胞のがん遺伝子（がん原遺伝子）は遺伝子発現の時期（働く時期）や遺伝子発現の場所（働く場所）などが厳密に調節されているため、通常がんを引き起こすことはない。しかし、ウイルスに取り込まれたがん遺伝子は、そのような調節領域をもっていないため、無秩序な細胞分裂というがん化を引き起こしてしまうことになる。

▶▶ 9.3-3　乳がん

　がん遺伝子をもたないレトロウイルスによっても、がんになることはある。そのような発がんの代表の1つが、乳がんである。この場合、ウイルス自体にがん遺伝子はないが、正常細胞のがん原遺伝子のそばに潜んでしまったため、老後を楽しんでいた（？）ウィント（Wnt）というがん原遺伝子を目覚めさせてしまい、がんを引き起こしてしまうのだ。ウィントというがん原遺伝子は本来、妊娠・出産にともない、ミルクをつくる乳腺細胞の発達に重要な働きをしている遺伝子である。年をとって、子どもをつくらなくなり、乳腺の発達が必要なくなり、使われなくなったがん原遺伝子をウイルスが目覚めさせてしまった例だ。

▶▶ 9.3-4　突然変異説

　その他にも正常細胞のがん原遺伝子が、突然変異により目覚めてしまい、本来の働きである「細胞分裂」を不必要な時期と場所で無秩序に引き起こし、がん化させる場合もある。その代表がc‐ラス（c-ras）と呼ばれるがん原遺伝子である。そのc‐ラスと呼ばれるがん原遺伝子に、DNAやRNAの塩基の1つが置き換わる**点突然変異**が入ると、そのラスからつくられるタンパク質も突然変異をもったタンパク質となり、細胞分裂のスイッチのオン・オフができなくなり、がんを引き起こしてしまうことがある。これが、がんの突然変異説の1つである。

　がんを引き起こすといわれるがん遺伝子の例を表9-1に示す。見てもらうとわかるが、がん遺伝子といわれる多くの遺伝子は、すべて細胞分裂など生物における重要な生命現象にかかわる遺伝子ばかりである。

9 章 がん

がん遺伝子	がん原遺伝子
src	チロシン型タンパク質キナーゼ
sis	血小板由来成長因子（PDGF）の B 鎖
hst	線維芽細胞成長因子（FGF）ファミリーの 1 つ
erb-B	細胞膜上の上皮成長因子（EGF）受容体
abl	チロシンキナーゼ型の細胞核内受容体
fcs	チロシン型タンパク質キナーゼ
raf	セリン／スレオニン型タンパク質キナーゼ
H-ras	GTP 結合タンパク質
c-myc	ヘリックス・ターン・ヘリックス型の転写調整因子
jun	核内転写因子
fos	核内転写因子

表 9-1　がん遺伝子

9.4　がん抑制遺伝子　— がん抑制遺伝子はスーパーヒーローか？

▶▶ 9.4-1　がん原遺伝子とがん抑制遺伝子

　これまでがんを引き起こす遺伝子とてして**がん遺伝子**（oncogene）につい
て話してきたが、次に、**がん抑制遺伝子**（tumor suppressor gene）の話をしよう。
人生にしろ、映画やドラマにしろ、光があれば影があるように、悪が存在す
れば、必ず善が存在する。

　がん抑制遺伝子は、名前からしても、がんを抑えてくれる救世主のようで
ある。がん抑制遺伝子は発見当初、**抗がん遺伝子**（anti-oncogene）と呼ばれ、
注目された。その働きは何か？　名前のとおり、がん遺伝子を抑える働きを
する。図 9-9 を見ていただきたい。この図はがん原遺伝子とがん抑制遺伝子
の関係を簡単に表した図である。2 つの別々の遺伝子として、左にがん抑制
遺伝子、右にがん原遺伝子を描いている。

　がん原遺伝子は成体になるまでに細胞分裂などで重要な働きをしていた時
期が必ず 1 回はあること、また、胚発生や成長などが止まる時期には、そ
の働きを終了することはすでに説明した。

97

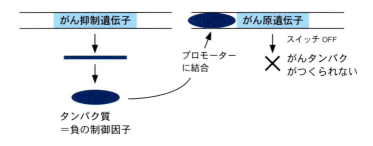

図 9-9　がん抑制遺伝子の働き

　では、胚発生や成長などが止まる時期に、何ががん原遺伝子に仕事の終了を伝えるのか、すなわち、がん原遺伝子のスイッチをオフにするのは一体何だろうか？　その役割をしているのが、がん抑制遺伝子である。がん抑制遺伝子は転写翻訳されて、がん抑制遺伝子タンパク質となる。そのがん抑制遺伝子タンパク質は負の制御因子であり、がん原遺伝子のそばの**プロモーター**と呼ばれるところに結合し、がん原遺伝子のスイッチをオフにし、がん原遺伝子からつくられるがん原遺伝子タンパク質の合成を止める。がん原遺伝子タンパク質が合成されなくなれば、細胞分裂も停止する。つまり、がん抑制遺伝子は、がん原遺伝子が働かないように制御する遺伝子である。このがん抑制遺伝子のおかげで、われわれのからだの細胞数は一定に保たれ、異常に大きな個体や臓器・器官などは存在しない。

　したがって、がん抑制遺伝子は悪であるがん遺伝子に立ち向かう善であり、ヒーローといえる。

▶▶ 9.4-2　家族性網膜芽細胞腫　Rb

　しかし、残念ながら、より広い意味では、このがん抑制遺伝子もがんを引き起こすがん遺伝子であるといえる。図 9-10 を見ていただきたい。

　これは**家族性網膜芽細胞腫**（Retinoblastoma, Rb）という小児がんを例として、Rb というがん抑制遺伝子と、それによりスイッチがオフにされるはずのがん遺伝子という 2 つの遺伝子を図示している。

　正常な状態では、Rb というがん抑制遺伝子からつくられるがん抑制遺伝子タンパク質は、プロモーター部分に結合し、がん原遺伝子のスイッチをオ

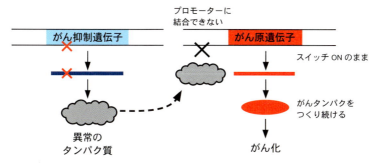

図 9-10　がん化の原因

フにする（図 9-9）。しかし、がん抑制遺伝子に突然変異が起こると、がん抑制遺伝子からつくられるがん抑制遺伝子タンパク質にも異常が生じ、がん原遺伝子のプロモーター部分に結合できない、もしくは結合できてもスイッチをオフにすることができなくなってしまい、スイッチはオンのままとなり、がん原遺伝子タンパク質がつくられ続け、がんが起こる。つまり、がん抑制遺伝子の突然変異ががんの原因となっている。

　がん抑制遺伝子による発がんは、前述した Rb など若年性の小児がん以外にも、同一家系で発生する同種のがんや、紫外線による皮膚がんの場合などにも存在する。このように、がん抑制遺伝子による発がんは、がんが起こるメカニズムに突然変異がかかわることを示す例としても使われる。ヒーローのように見えたがん抑制遺伝子も、大きな意味ではがんを引き起こす遺伝子である。表 9-2 の赤く囲んだ部分に主要ながん抑制遺伝子をまとめた。

遺伝子	種　類	影響を受ける経路	変異をもつ腫瘍（%）
K-Ras	がん遺伝子	受容体チロシンキナーゼシグナル伝達経路	40
β-カテニン	がん遺伝子	wnt シグナル伝達経路	5~10
p53	がん抑制遺伝子	ストレス／遺伝子損傷応答	60
APC	がん抑制遺伝子	wnt シグナル伝達経路	>60
Smad4	がん抑制遺伝子	TGFβ シグナル伝達経路	30
TGF-β 受容体 II	がん抑制遺伝子	TGFβ シグナル伝達経路	10
MLH1 および DNA 不対合修復遺伝子群	がん抑制遺伝子	DNA 不対合修復	15

表 9-2　大腸がんにかかわる遺伝子

▶▶ 9.4-3　環境要因説

胃がんと大腸がん

	胃がん	大腸がん
日本人	多い	少ない
アメリカ人	少ない	多い
日系アメリカ人	少ない	多い

表 9-3　がんの原因としての環境要因説

　最後に、がんと環境の関係について解説したい。これまでの研究で、食生活の違い、もしくは人種の違いにより、日本人には胃がんが多く、アメリカ人は大腸がんが多いことがわかっている。

　では、日系アメリカ人は胃がんと大腸がんのどちらが多いだろうか？　日系アメリカ人は両親ともに日本人であるから、遺伝子としては日本人だ。しかし、生まれ育ったところ、つまり環境はアメリカである。日系アメリカ人は胃がんと大腸がんのどちらになる頻度が高いかというと、大腸がんにかかりやすいという統計結果が得られている（表9-3）。すなわち、遺伝的に日本人であるにもかかわらず、大腸がんが多いということは、食生活など環境要因もまたがん化の原因になることを示している。

　このように、がんには環境要因も大きくかかわっているという環境要因説を実験的に最初に証明したのは日本の病理学者、山際勝三郎である。彼は発がん性物質と考えられたコールタールをウサギの耳に塗り続けたところ、がんが引き起こされたことを証明した（1915年）。つまり、発がん性物質など外部環境要因もがんの原因となりうる。たとえば、ベンツピレンやタールは肺がんを、アルコールは肝臓がんを、塩分の摂りすぎは胃がんを引き起こす可能性がある。また、たとえ正常な女性ホルモンでさえも、正常な量を、正常な時期に、必要な場所で働かさなければ、がんを引き起こす原因にもなる。

▶▶ 9.4-4　環境要因がどのようにしてがんを引き起こすのか？

　では、このような環境要因ががんにかかわる場合、どのようにしてがんを引き起こすのだろうか？　遺伝子に関していえば、がん原遺伝子もがん抑制遺伝子も正常なのだから、がんは起きるはずがない。たばこを例に、解説したい（図9-11）。

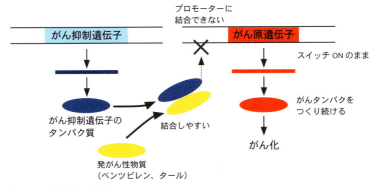

図 9-11　がん化の原因

　この場合、がん原遺伝子もがん抑制遺伝子も正常であるため、それぞれ正常に転写されて正常なタンパク質に翻訳される。しかし、たばこの煙の中に含まれるタールのような発がん性物質は、がん抑制遺伝子から（転写・翻訳を経て）つくられた、がん抑制遺伝子タンパク質ととても結合しやすい性質をもっている。そのため、正常に翻訳されたがん抑制遺伝子タンパク質はタールのような発がん性物質と結合し、本来結合しなくてはならないがん原遺伝子のプロモーター領域に結合できなくなる。すなわち、タールと結合したがん抑制遺伝子タンパク質は、がん原遺伝子のスイッチをオフにできなくなる。それにより、がん原遺伝子はがん原遺伝子タンパク質をつくり続け、細胞分裂が無限に続き、がんとなる。

　ウイルス説、突然変異説、環境要因説について説明してきたが、そのどれもが正解だったのである。
　がんは、われわれにとって必要不可欠な遺伝子自体やその遺伝子と直接的にかかわるものによって引き起こされている。しかし、がんの原因遺伝子を壊したり、その機能を停止させると、われわれ自体が人間として生まれてこられなくなる……。がんの撲滅がとても難しいことを少しはわかってもらえただろうか !?

9.5　がん形成のメカニズム　― がんはどうして高齢者に多いのか？

　前の章では、がんやがん遺伝子のことについて説明してきた。このように
がんについてわかってくると、自分もがん遺伝子をもち、いつでもがんにな
る可能性があることもわかってもらえると思う。われわれは、みながん遺伝
子をもっているのだから当然である。しかし、がんになるのは高齢者が多い。
若い人もがん遺伝子をもっているのに、なぜがんになる人は少ないのだろう
か？

▶▶ 9.5-1　高齢者になると未熟になる！

　原因は、大きく分けて 2 つあると考えられている。1 つ目の原因には、免
疫反応がかかわっている。若い人たちのからだの中にも絶えずがん細胞が生
まれていることは前述した。しかし、若い人は、がん化した細胞を見つける
と、その場で殺してくれる NK 細胞という免疫細胞がしっかり見張ってく
れているため、がんになりにくい。

　それに対し、高齢になると、胸腺は萎縮し脂肪細胞に置き換わってしまう。
脂肪細胞に置き換わってしまうと、その胸腺で成熟していたキラー T 細胞
は成熟する場を失い、未熟なままのキラー T 細胞として機能しなくてはな
らない。そうなると、未熟な高齢者のキラー T 細胞は、がん細胞を見つけ
ることができない、もしくは識別することもできないため、次々に生まれて
くるがん細胞の存在を見逃し、見逃されたがん細胞はその数を大幅に増やし
ていけるわけだ。

▶▶ 9.5-2　がんと突然変異数の関係

　2 つ目の原因は、突然変異の数である。われわれの生活環境には、紫外線
や自然放射線、食品添加物など、突然変異を引き起こす原因が多く存在し、
実際に突然変異を起こしている。しかし、その突然変異を修復する機能もわ
れわれのからだはもっているから、通常は体内にあまり多くの突然変異をも
たなくてすむ。

　多くの方はたった 1 つの突然変異ですぐにがんが引き起こされると思っ

ているかもしれないが、じつは1つのがん遺伝子の突然変異により、すぐにがんになることはまれである。がんは通常、1つの細胞に数個の突然変異が蓄積してはじめて発生する。すなわち、何段階かにわたって少しずつ突然変異が蓄積し、およそ3つ以上の遺伝子に突然変異が生じると、その細胞は悪性化し、がんとなる。

▶▶ 9.5-3 **大腸がん**

大腸がんを例にとって説明すると、表9-2（99ページ）のように多くのがん原遺伝子やがん抑制遺伝子ががん発生にかかわっている。そのうちのいくつかの遺伝子に何段階かにわたって突然変異が生じ、蓄積して、はじめてがんになっていく。つまり、1つの細胞におよそ3つ以上の遺伝子突然変異が蓄積しなくてはならない。そう考えれば、キラーT細胞が成熟している若い人においては、頻繁にがんになることはないこともわかると思う。

それに対し、年配の方は、年齢を重ねるごとに、すなわち長く生きれば生きるほど体内細胞に突然変異を生じる機会も増え、その数も年齢とともにさらに蓄積していく。突然変異をもった細胞は、その細胞数を増加し、細胞数が増えれば、その細胞群に新たな突然変異が蓄積する可能性も上がる。このように長く生きれば生きるほど、突然変異をもった細胞とその突然変異数や種類も増加し、最終的にがんになることも理解できるであろう。

図9-12は大腸がんが起きるまでの様子を**多段階説**に基づき摸式的に示している。①では、ある遺伝子に1つ目の突然変異が生じ、若干の細胞分裂が

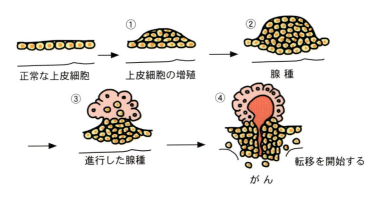

図9-12　がんの多段階説

起きる。しかし、この時点では成熟したキラー T 細胞などにより見つけられ、殺されるがん細胞も多い。②では、①で増殖し、数の増えた細胞群のなかの1つの細胞に2つ目の新たな突然変異が別の遺伝子に生じ、細胞分裂がさらに活発になる。③もしくは④では、さらに3つ目、4つ目の突然変異が起こり、がん細胞の細胞分裂は大幅に進行し、転移まで起こすようになる。このように、がんは段階的に突然変異が蓄積して引き起こされる。

▶▶ 9.5-4　がん抑制遺伝子「p53」 — 最後の砦

　表9-2をもう一度見ていただきたい。この表には大腸がんで突然変異が見つかった遺伝子の種類とその頻度も表されている。これを見ると、p53という遺伝子の突然変異が大腸がんの60％に見つかっていることがわかる。p53は2章で説明した細胞周期にかかわる遺伝子である。2章において、多くの細胞が細胞分裂を行うが、その際に正常な細胞分裂を行うため各細胞は細胞分裂の段階ごとにチェックポイントという細胞分裂の準備状態を調べるポイントを設け、その準備状態などを調べていると説明した。この p53 は、そのチェックポイントでとても重要な役割をしている遺伝子である。この最高位の門番として機能している p53 に突然変異が生じると、チェック機能が働かず、不備をもったまま細胞分裂を続け、最終的にがん細胞になっていく。p53 に突然変異が生じ、がんになる過程は、最後の砦を壊された城が陥落するのとよく似ている。最後の砦（p53）を壊された城（細胞）は容易に陥落（がん化）する。

▶▶ 9.5-5　がんへの対応

　これまで述べてきたように、がんはさまざまな原因によって引き起こされる。そして、そのリスクは年齢を重ねていくにつれて増していく。
　では、がんに対して、われわれはどのように立ち向かえばよいのだろうか？

　現時点で、がんへの最善の対処方法は、やはり早期発見・早期治療である。がんを初期段階で発見し、それをすべて取り除くことが最善の方法である。そのために磁気共鳴画像装置（MRI）やポジトロン断層法（PET）などによ

104

る検査はとても有用である。そこで見つかった場合、早期ならば、全摘出により完治の可能性も高い。

　その他の治療方法としては、放射線をがんの患部に照射し、がん細胞を殺す**放射線治療**や、抗がん剤を投与し、がん細胞の細胞分裂を止める**化学療法**なども有用な治療方法として存在する。ただし、これらは全摘出できない、もしくはそれが難しい段階の治療として有用なのである。すなわち、早期発見できず、がんがある程度進行した場合などに行う治療である。ここで気を付けてほしい点は、放射線治療も、抗がん剤による化学療法も有用であり、がん細胞の撲滅に大きな効果を見込めるかもしれないが、この治療はがん細胞に対してのみに働いているわけではないということだ。放射線は確かにがん細胞を殺せるかもしれないが、がん細胞だけに放射線を照射することは極めて難しく、がんのまわりにある正常細胞にも照射される。また、抗がん剤もがん細胞の細胞分裂を抑えられるかもしれないが、体内の正常細胞の細胞分裂さえも抑えることになる。

　このように、放射線療法も化学療法も、がん細胞以外の正常細胞への作用もあることを忘れてはならない。つまり、放射線療法や化学療法は、正常細胞や、まだ若干の突然変異しか蓄積されていない正常に近い細胞にまでにも作用し、新たな突然変異を誘導し、がん細胞の発生を引き起こす可能性があることを忘れてはいけない。このような副作用を知ったうえで、次の段階の治療にあたらなくてはならないのだ。

　がんについて多くのことがわかってきたが、がんの治療は依然難しいままである。最近注目されている新しいがん免疫療法などにより、がんがいつの日か撲滅されることを祈りつつ、この章を終えたい。

真核生物の遺伝子は無駄が多い!?

　生物を大きく分けると、遺伝子である染色体を包む核膜をもつ真核生物と、そのような核膜を持たない原核生物に分けられます。高校の生物でも出てきますが、もちろん原核生物の方が真核生物よりも下等な生物です。そう考えると、やはり、われわれ真核生物は遺伝子の構造なども明らかに優れており、効率的にできていると思うかもしれません。

　たしかに、優れている点も多いのかもしれませんが、実際はそうともいいがたいのです。図を見ていただきたい。
　左右に同じような遺伝子が並んでおり、それぞれが転写・翻訳されて、タンパク質が合成されています。左側が原核生物であり、右側が真核生物です。原核生物の遺伝子は転写と翻訳がワンステップずつで完了しますが、それに対し、真核生物の転写産物（RNA）はすぐに翻訳には進めません。
　これは、原核生物の遺伝子が、タンパク質になる遺伝子の部分（エクソンという）でできているのに対して、真核生物は、エクソンとタンパク質にならない遺伝子の部分（イントロンという）が混ざり合ってできているからなのです。そのため、最初に転写された RNA をそのまま翻訳すると、全く違うタンパク質になるか、もしくは翻訳さえ途中で終了し、タンパク質にすら

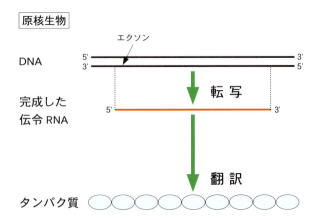

図　原核生物と真核生物の遺伝子構造の違い

9章 がん

COFFEE BREAK-8

ならないということも起きます。

　翻訳を進めるためには、最初に転写されたものから、イントロンをはずし、エクソンのみにするステップが必要となります。このイントロンをはずすメカニズムのことをスプライシングと呼びます。このスプライシングを終え、エクソンのみになった完成RNAが細胞質に移動し、はじめてタンパク質に翻訳されるのです。

　それに対し、エクソンのみでできている原核生物の遺伝子は、RNAに転写後、すぐに翻訳できるのです。つまり、無駄がないということです。それに対し、真核生物の遺伝子は、ほとんどの場合、1つの遺伝子にいくつものイントロンがあり、そのいくつものイントロンを捨てる操作をしないと、翻訳できません。とても無駄なことをしているように思えますが、このスプライシングという現象は生命の何らかの重要な機能と関係していると思われているのです。

　生命現象は無駄なように思えて、じつは無駄なことはほとんどしていません。このスプライシング現象にはどんな進化の歴史が遺伝子DNAのなかに刻まれているのでしょうか？　生命はやはり計り知れません。

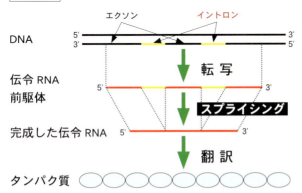

10章　神経系の構成と機能

　神経に関する研究は、近年急速に発展し、21世紀の生命科学は「神経の時代」ともいわれるほど、その研究や知見は注目されている。また、神経の構成や機能はとても複雑であり、まだまだ解明されなくてはならないことが多い。ここでは、そのほんの一端を紹介するので、神経科学に親しみを抱いていただければと思う。

10.1　神経系の構成

　神経と一言でいっても、大きくは**中枢神経系**と**末梢神経系**の2つに分けられる（図10-1）。
　中枢神経系は、主に神経細胞の細胞体から成り立っており、脳や脊髄が含まれる。それに対し、末梢神経系は主に神経が伸ばす神経の線維の束から成り立っており、脳神経（12対）と脊髄神経（31対）が存在する。
　末梢神経系はさらに大きくは**求心性神経**と**遠心性神経**に分けられる（図10-1）。求心性神経とは体の末梢に存在する感覚器から中枢神経へ情報を送る神経であり、**感覚神経**とも呼ばれる。それに対し、遠心性神経は骨格筋や分泌腺、血管などに対し中枢からの命令を伝える神経であり、**運動神経**とも呼ばれる。求心性神経と遠心性神経の間

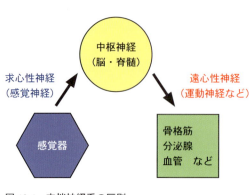

図 10-1　末梢神経系の区別

には介在神経という別の神経が存在することもあるが、外部の情報などが求心性神経により中枢へと伝えられ、中枢からの命令が遠心性神経を介して末梢へと送られることで、多くの生命活動が行われている。

そのような神経活動の例として**反射**が挙げられる。

10.2 反 射

反射は、前述した求心性神経と遠心性神経による神経回路によって成立する神経活動の典型的な例であり、大きく**体性神経反射**と**自律神経反射**に分けられる（図10-2）。さらに、体性神経反射には2ニューロン反射と多ニューロン反射が存在する。

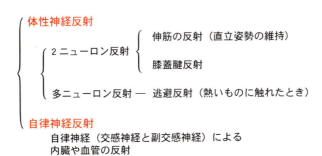

図10-2　反射

2ニューロン反射は直立姿勢の維持にかかわる伸筋の反射や、脚気とかかわる**膝蓋腱反射**に分けられ、多ニューロン反射には熱いものに触れたときに起きるような逃避反射が存在する。

この体性神経反射に対し、自律神経反射とは、**交感神経**と**副交感神経**という自律神経によって起きる内臓や血管などの反射のことである。

図10-3は体性神経反射の例として、膝蓋腱反射の流れを図示したものである。少し高い椅子などに座って、足底が床などに付かないような状態で、膝のへこんだところを軽く木づちなどで叩くと、それと同時に軽く足が蹴り上がる。これは、次のような神経の働きによって起こる反応である。①木づちなどで膝を叩かれると筋紡錘体（感覚器）が伸ばされ、その伸ばされたと

いう情報が求心性神経によって脊髄に送られる。②次にその情報は脊髄にある求心性神経と遠心性神経との**シナプス**（接触部位）で遠心性神経に伝えられたのち、③その遠心性神経は神経と筋の接合部（**終板**）である大腿四頭筋を収縮させるので、つま先が跳ね上がる。

このように筋紡錘体（感覚器）と大腿四頭筋（終板）を結ぶ求心性神経と遠心性神経の関係は、その図 10-3 の下部にある弓のような関係にたとえられることから、**反射弓**と呼ばれることがある。

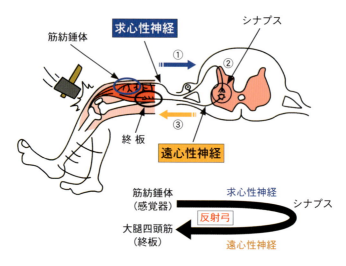

図 10-3　体性神経反射（膝蓋腱反射）

10.3　自律神経系

自律神経系は交感神経系と副交感神経系に分けられ、内臓や血管、分泌腺の機能を二重に支配している。交感神経系は**アドレナリン**や**ノルアドレナリン**を、副交感神経系は**アセチルコリン**を主な**神経伝達物質**として分泌している。

心臓の拍動を例として説明してみよう。交感神経よりアドレナリンが分泌されると、心臓の拍動は早くなり、興奮状態に入る。それに対し、副交感神経（迷走神経）からアセチルコリンが分泌されると、心臓の拍動は遅くなり、

落ち着いた状態になる（図 10-4）。このように、交感神経と副交感神経は拮抗した働き（拮抗作用）をすることで、同じ臓器や器官を二重に支配しているのである。われわれの意思とは全く関係なく、生命維持に重要な生命活動について、この二重支配がなされていることもその特徴の1つである。さらに、意思とは関係がないため、この自律神経系に支障が起きると、動悸や不眠など、さまざまな障害がわれわれのからだに起きうることもある。

{ 交感神経系（伝達物質：アドレナリン、ノルアドレナリン）
{ 副交感神経系（伝達物質：アセチルコリン）

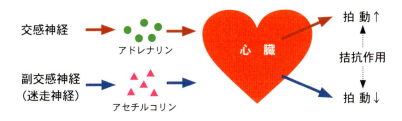

図 10-4　自律神経系 ── 内臓や血管、分泌腺の機能を二重に支配

10.4　神経の構造

　神経は通常、体内の他の多くの細胞と非常に異なる形をしている（図 10-5）。

　神経は核が存在する**細胞体**と、その細胞体から伸びる**軸索**に大きく分けられる。細胞体からはさらに**樹状突起**と呼ばれる多数の突起が放射状に出ており、他の神経と**シナプス**を形成することで、さまざまな情報が神経細胞に入るようになっている。神経に入った情報は軸索を伝わり、軸索末端まで運ばれ、その次の神経や器官・組織に情報を伝える。このように神経は特殊な構造をとることで、情報シグナルを受け取り、運び、伝える働きをしている。

　また、この情報シグナルの伝わる方向は、細胞体から軸索末端方向という一方向である。このような情報シグナルが神経内を軸索末端方向に伝わるこ

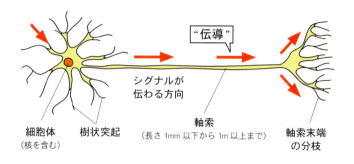

図 10-5　神経の基本構造

とを**伝導**という。それに対し、情報シグナルの**伝達**という言葉もある。この伝導と伝達は厳密に区別して使われており、伝達は「神経－神経」間のシナプスや「神経－筋肉」間の終板での情報シグナルを伝えることを指す。すなわち、神経の情報シグナルを表す言葉には2種類あり、1つが神経細胞の軸索内を伝える**伝導**と、もう1つは神経細胞間（シナプス）や神経と筋肉の間（終板）で軸索末端から伝えられる**伝達**である。

この2つの伝導と伝達は混同されやすいが、しっかりと区別しておこう。もう少し詳しく説明すると、伝導とは、神経細胞の細胞膜内外の電位（膜電位）の変化を情報シグナルとして軸索末端に伝えるものであり、伝達とは、「神経－神経」間（シナプス）や「神経－筋肉」間（終板）において軸索末端から放出される化学物質により、情報シグナルを伝えるものである。では、具体的にはどのような形で情報シグナルは伝えられるのであろうか？　次に神経細胞内で何が起きているのかを見ていきたい。

10.5　膜電位（静止電位）と活動電位　― アクティブなのはどっち？

▶▶ 10.5-1　膜電位と能動輸送

神経の情報シグナルの伝え方を知るためには、最初に**膜電位（静止電位）**と**活動電位**を知らなくてはならないだろう。

神経細胞をはじめとした多くの細胞は、細胞の内と外で電位が違っている

のだが、膜電位（静止電位）とは、神経細胞の内と外における電位の差のことである。膜電位の「膜」とは細胞膜のことを示している。この膜電位は細胞の内と外に電極を入れることで測定でき、神経細胞は約マイナス 70mV（ミリボルト）に細胞内が荷電して（電気を帯びて）いる（図 10-6）。これは細胞内外のイオン濃度の違いにより生じている。簡単にいえば、細胞の外側（細胞外）には Na イオン（Na⁺）が多いのに対し、細胞の内側（細胞内）では細胞外と比べて K イオン濃度（K⁺濃度）が高く、Na イオン（Na⁺）が低く保たれている。このような細胞内外でのイオン濃度の違いにより、細胞内がマイナスに荷電した状態になるのである（図 10-6、表 10-1、図 10-7）。

細胞膜の内外の電位差を測定

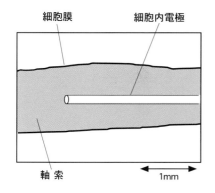
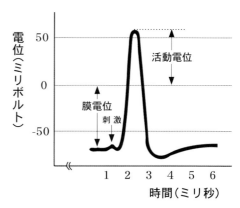

図 10-6　膜電位（静止電位）と活動電位

成分	細胞内の濃度（mM）	細胞外の濃度（mM）
陽イオン		
Na⁺	5〜15	145
K⁺	140	5
Mg²⁺	0.5	1〜2
Ca²⁺	10^{-4}	1〜2
H⁺	7×10^{-5}（$10^{-7.2}$または pH7.2）	7×10^{-5}（$10^{-7.2}$または pH7.2）
陰イオン		
Cl⁻	5〜15	110

表 10-1　細胞内外のイオン濃度

この膜電位は、神経細胞の細胞膜中にある Na⁺ / K⁺ **ポンプ**と呼ばれる膜タンパク質によって形成される。Na⁺ / K⁺ ポンプは酵素機能をもった膜タンパク質であり、別名 Na⁺ / K⁺-ATP アーゼと呼ばれる。Na⁺ / K⁺-ATP アーゼはアデノシン三リン酸（ATP）のエネルギーを使って、3 分子の Na⁺ をくみ出し、2 分子の K⁺ をくみ入れるというポンプとしての機能を果たすことで、細胞の内と外で電位の差を形成している（図 10-8）。そして、この電位の差が膜電位である。膜電位は別名、**静止電位**と呼ばれているため、エネルギーを必要としない**受動輸送**で形成されているように思われがちだが、ATP というエネルギーを使ってイオンなどの物質を輸送する**能動輸送**によって形成されている。

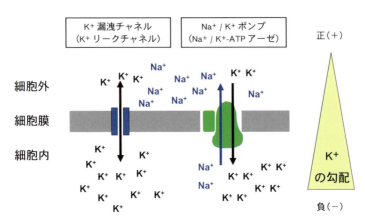

図 10-7　膜電位が発生するしくみ

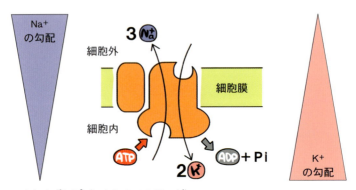

図 10-8　Na⁺ / K⁺ ポンプ（Na⁺ / K⁺-ATP アーゼ）

10.5-2 活動電位と受動輸送

次に、**活動電位**について説明したい。この活動電位こそが、神経が情報シグナルを伝えるための主要な手段である。活動電位を理解するうえで注意してほしいのは、静止電位のときと同様に、活動電位というアクティブそうな名称に惑わされないことである。活動電位とは、濃度勾配にしたがった物質の移動（輸送）である**受動輸送**によってなされている。すなわち、**能動輸送**という ATP のエネルギーを使って形成されるのが**膜電位**であるのに対し、**活動電位**は ATP のエネルギーをまったく使わずに濃度勾配のみで行われる受動輸送で発生する。つまり、活動電位はあらかじめつくっていた細胞内外のイオン濃度の勾配（膜電位）をなくす現象である。この活動電位の状況は、これまでにダムに貯めていた水（膜電位）を水門を開いて、一気にダムの外に流し出し、ダムを空にする状況とよく似ている。

10.5-3 分極と脱分極

膜電位と活動電位を**分極**と**脱分極**の関係から見てみよう。膜電位ができている状態とは、細胞外に正イオンを貯めることで細胞内をマイナスに荷電した状態（**分極**）であり、活動電位が起きている状態とは、イオンの濃度勾配にしたがって一気に正イオンを細胞内に戻すことで、分極をなくす状態（**脱分極**）である（図 10-9）。つまり、脱分極とは、活動電位が起きた状態を指している。また、活動電位が起きたあと、一瞬だけ静止時より電位が下がるが、これを**過分極**という。この電位の状態について理解するためには、

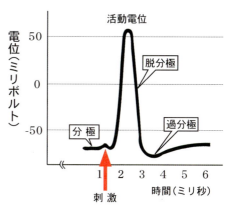

図 10-9　活動電位

膜 電 位 ー 能動輸送 ー 分　極
活動電位 ー 受動輸送 ー 脱分極

というように、2組の関係を並べて覚えるとわかりやすいかもしれない。

　能動輸送によって形成された膜電位という分極状態が、受動輸送により一気にマイナスからプラスに変化する（脱分極する）ことを活動電位という。そして、この活動電位の位置が順次、細胞体側から軸索末端の方向に向かって移動するのが、情報シグナルの伝導である。

▶▶ 10.5-4　跳躍伝導

　高等生物では、この情報シグナルの伝導を、より高速に進めるためのしくみが存在する。高等生物の神経線維の軸索は**ミエリン鞘**（しょう）という電気を通さない絶縁体によって取り囲まれている（図 10-10）。このミエリン鞘は末梢神経では**シュワン細胞**、中枢神経では**オリゴデンドロサイト**と呼ばれる**グリア細胞**（神経細胞ではない細胞）によって形成される。ただし、ミエリン鞘は軸索全長に隙間なく巻きついているわけではなく、若干の隙間をもっている。この隙間を**ランヴィエ絞輪**（こうりん）と呼び、この部分だけに脱分極が起きる。ランヴィエ絞輪のみで起きる活動電位はぴょんぴょんとランヴィエ絞輪間を跳躍しながら、情報シグナルを伝導し、情報シグナルをより速く軸索末端に向かって伝えることができる。この現象を**跳躍伝導**と呼び、1m 以上ある長い神経でも、より迅速に情報シグナルを伝えられるようなしくみになっている。

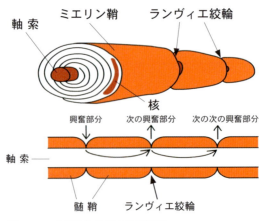

図 10-10　有髄神経線維の跳躍伝導

10.6 シナプスでの興奮伝達

▶▶ 10.6-1 伝達と神経伝達物質依存性チャネル

これまで説明してきたのは、全長の長い神経細胞の軸索内での情報シグナルの伝え方であったが、次は「神経－神経」間のシナプスや「神経－筋肉」の間の終板での情報シグナルの伝え方について、シナプスを例にとって説明したい。

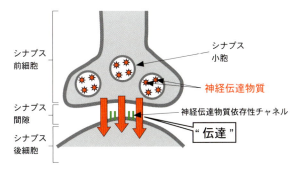

図 10-11　シナプス（化学シナプス）の構造

　図 10-11 にシナプスの構造を模式的に示しているが、シナプスでは神経細胞同士が完全に密着しているのではなく、神経細胞同士の間にはわずかな間隙が存在している。その「神経－神経」間にシナプス前細胞から神経伝達物質が放出され、情報シグナルがシナプス後細胞に伝わるのである。この場合も、情報シグナルは一方向にしか伝わらないが、前述の伝導（図 10-5、112ページ）と区別して、**伝達**と呼ぶ。

　この伝達で利用される神経伝達物質は、シナプス前細胞の**シナプス小胞**という細胞内小器官に貯められており、伝導による情報シグナルが軸索内を伝わり、シナプスまでやってくると、シナプス間隙へ放出される。放出された神経伝達物質は、その後、シナプス後細胞内を通して情報シグナルを伝達する。しかし、放出された神経伝達物質が、シナプス後細胞内に直接入って情報シグナルを伝達するのではないことはしっかり覚えておいてほしい。放出された神経伝達物質は、その後、シナプス後細胞内に入るのではなく、シナプス後細胞上にある**神経伝達物質依存性チャネル**という膜タンパク質に結合し、情報シグナルをシナプス後細胞内に伝えることになる。神経伝達物質依存性チャネルは神経伝達物質と結合すると、ゲートを開くように細胞膜に

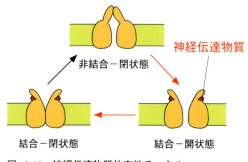

図 10-12　神経伝達物質依存性チャネル

トンネルをつくるような膜タンパク質である。すなわち、神経伝達物質と結合した神経伝達物質依存性チャネルは、細胞膜に穴のような通路を開け、シナプス後細胞の活動電位（脱分極）を引き起こすことで、シナプス後細胞への情報シグナルの伝達を行っている（図10-12）。

　神経伝達物質は大きく分けて、**興奮性神経伝達物質**と**抑制性神経伝達物質**の2種類がある。興奮性神経伝達物質にはアセチルコリン、グルタミン酸、セロトニンなどが存在し、Na^+チャネルを開き、Na^+をシナプス後細胞内に流入させてシナプス後細胞の脱分極を誘導し、活動電位を発生させる働きをする。抑制性神経伝達物質にはγ-アミノブチル酸（GABA）、グリシンなどが存在し、Cl^+チャネルを開いて、活動電位の発生を妨げ、シナプス後細胞が分極したままの状態を保たせる働きをしている。

　勘違いしないでほしいのは、神経伝達物質はシナプス後細胞のなかに入ったりするのではなく、シナプス後細胞の細胞膜上にある神経伝達物質依存性チャネルに結合することで、情報シグナルをシナプス後細胞に伝達することである。つまり、神経伝達物質は神経伝達物質依存性チャネルに結合することで、そのチャネルを開き、イオンの流入や流出を引き起こし、活動電位などを誘導して、新たな伝導を引き起こすのである（図10-12）。

　よく研究されているのは、**アセチルコリン依存性チャネル**である（図10-13）。アセチルコリン依存性チャネルはα、β、γ、δという4種類の**サブユニット**の集合体として構成されている。そのαサブユニットにアセチルコリンが結合すると、集合体からできているゲートが開き、活動電位が誘導される。詳細なメカニズムに関しては別の文献を参照して知識を深めてほしい。

10 章 神経系の構成と機能

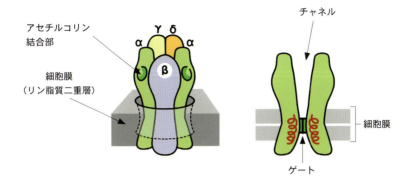

図 10-13　アセチルコリン依存性チャネル

▶▶ 10.6-2　終板と筋収縮

　同様の現象は、遠心性神経と横紋筋との連絡部分である神経筋接合部（終板）にも見られる（図 10-14）。この終板でも、シナプスのときと同様に神経と筋肉は密着しているのではなく、若干の間隙が存在する（図 10-15）。神経はシナプスのときと同様に神経伝達物質をその間隙に放出し（①）、神経伝達物質は筋肉細胞の細胞膜上にある神経伝達物質依存性チャネルに結合する（①－②）。神経伝達物質と結合した神経伝達物質依存性チャネルはチャネルを開き、活動電位が発生することで、筋肉細胞に情報シグナルが来たことを伝達する（②）。

　収縮などの情報シグナルが伝達された筋肉細胞は、次に筋肉を収縮させるメカニズムを発動し（③、④）、筋肉細胞内でカルシウムを貯蔵している筋小胞体の膜上にある別のチャネルを開き、筋肉細胞内にカルシウム

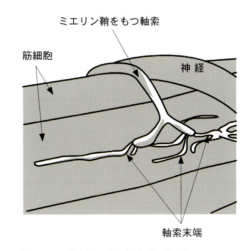

図 10-14　「神経－筋」接合部（終板）

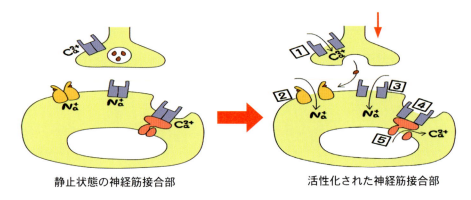

静止状態の神経筋接合部　　　　　活性化された神経筋接合部

図 10-15　終板における筋収縮のメカニズム

を放出させて（5）、筋肉細胞を収縮させる。

　このように神経の情報は伝導であれ、伝達であれ、すべて膜電位の変化、すなわち活動電位を伝えることであり、ある意味では電気を伝えることである。そう考えると、生きた神経も電気を伝えているのだから、コンピュータなどの機械と同様であり、生きた神経と金属など非生物でできた機械を連結させることは可能ではないだろうか？　これは、実際にブレイン・マシン・インターフェイス（BMI）として一部実現しているものもある。

　また、このようなしくみは、神経によって支配されているいろいろな感覚である視覚、聴覚、臭覚、味覚すべてにおいても働いている。すなわち、これまでSFの世界にだけ存在した、ヒトと機械の合体したアンドロイドというものも作成可能かもしれない。近い将来、このようなアンドロイドの実現が現実味を帯びてきているのだと期待と不安を抱きつつ、この章を閉じたい。

イルカはどうやって寝ているの？

COFFEE BREAK-9

　みなさん、イルカがわれわれと同じ哺乳類であることは知っていますよね。魚ではないですよ。ということは、7章のコーヒーブレイクでお話しした馬と同じようにイルカだって寝なくてはなりません。では、どうやって寝ているのでしょうか？　私たちと同じようにおなかを上にして、海上でプカプカといびきをかいて寝ている姿なんて見たことありませんよね!?（笑）　どうしてでしょう？　一番の理由は、海の中にはイルカを襲う敵がいっぱいいるからです。ですから、おちおちゆっくりと寝ていられないのです。

　それでは、イルカは同じ哺乳類でも寝なくてすむのでしょうか？　それとも、海の底のどこかに隠れてゆっくりと7時間くらい寝ているのでしょうか？　そうに違いありませんよね！　んっ？　でもイルカは哺乳類だから肺呼吸。どうやって7時間も呼吸もしないで寝ていられるのでしょうか？

　最近はやりの夜の水族館に行ったことがある人に質問です。イルカはどうやって寝ていましたか？

　片目を開けて、水中を漂うように寝ていたはずです。でも、どうして片目を開けて寝るのでしょうか。じつはイルカは右の脳と左の脳を半分ずつ交互に寝かせて、寝ることができるのです。

　つまり、片方の脳は寝かせ、もう片方は起きているのです。そして、起きている方の脳で、敵を見つけたり、溺れないようにときどき呼吸をするために水上へ泳いだりしているのです。起きている脳と関係のある方の目を開け、寝ている脳の方の目は閉じている。器用ですね！　われわれ人間もそんなことができたら、受験勉強も楽だったかもしれません。（笑）

　ちなみに、同じように右の脳と左の脳を交互に寝かせている動物はほかにもいます。さあ、どんな動物でしょうか？　答えは授業で見つけてみてください。

　イルカやクジラにかかわる話はまだまだあります。クジラの鼻の位置、海水を噴出する理由など、不思議に思った人は授業で質問してみてね!?

11章 老化と寿命

11.1 生きること・死ぬこと

受精卵（生）

↓ 発生

大人

↓ 老化（発生？）

老人

↓

（死）

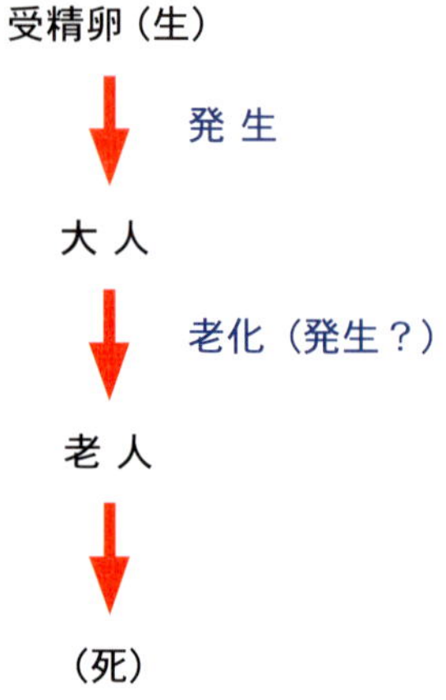

図 11-1　生きること・死ぬこと

　われわれは、精子と卵子が出会い、受精することで、生命体としての生を受けることになる。その後、受精卵は胚発生を続け、誕生し、成人となり、続いて老化し、最後は死を迎える。これは人間ばかりではなく、すべての生命体にいえることである。誰もが若いままでいたいと願っても、必ず白髪が生え、顔にはシワがより、腰も曲がり、だんだんと年をとっていく。この老化は、われわれヒトにとって避けて通れないことから、ある意味では受精卵から続く、一連の発生過程の1つであると現在は考えられている（図 11-1）。そして、最近、この老化も、死も、われわれのからだの中にある遺伝子によって運命づけられていることがわかってきた。

　では、本当に「死」さえも遺伝子に支配されているのだろうか？　少し死について考えてみよう。ここでは、わかりやすく理解するため「個体としての死」ではなく、「細胞としての死」として見てみたい。細胞の死と、個体の死はまったく違うのではないかと思う人もいるかもしれない。しかし、多細胞生物であるわれわれにとって、細胞の死が個体の死につながっていくことを忘れないでほしい。

122

11 章　老化と寿命

11.2　ネクローシスとアポトーシス

　細胞の死に方には、2通りがある。それは、**ネクローシスとアポトーシス**という死に方である。ネクローシスとは、いわゆるわれわれがよく知っている「損傷や病気などによる死」のことであり、日本語では**壊死**と呼ばれている。それに対し、アポトーシスとは、「死ぬことがあらかじめ運命づけられた死、もしくはプログラムされた死」のことである。

　「遺伝子で運命づけられた死」であるアポトーシスは、ある意味では細胞の自殺ともいえる。そのようなことが本当にありえるのかと思う人もいるだろう。しかし、実際に存在するのだ。その例として、ニワトリとアヒルがよく使われる。

　ところで、ニワトリとアヒルの大きな違いは何だろうか？　ニワトリは飛べないが、アヒルは空を飛べると答える人も多い。しかし、これは誤りで、ニワトリだって飛べないわけではない。確かにそんなに長くは飛べないが、つばさをもっており、ちゃんと飛べる。ちなみに、くちばしの違いを挙げる人もいる。

　横道にそれてしまったが、ニワトリとアヒルの違いとして挙げてほしかったのは、「ニワトリは泳げないが、アヒルは泳げる」という点である。これはニワトリとアヒルの後肢には大きな違いがあるからだ。すなわち、アヒルの後肢には水かきがあるが、ニワトリの後肢には水かきがない。この違いがあるため、アヒルは水の上をうまく泳げるが、ニワトリは泳げない。では、その違いはいったいどのようにして生まれたのだろうか？

11.3　アポトーシスとアヒル

　図11-2のイラストを見てほしい。これはニワトリとアヒルの後肢の発生過程を示している。ニワトリとアヒルは、からだの大きさなど若干の違いはあるものの、同じ鳥類に属していることから、発生過程はとても似ている。では、同じ鳥類なのにどこであのような水かきの違いができたのだろうか？

　図11-2は、上側がニワトリ、下側がアヒルを示しており、各組織のイラ

123

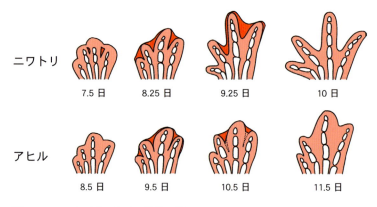

図 11-2　ニワトリとアヒルの後肢の違い

ストの下にあるのが、受精後の日数である。ニワトリとアヒルで日数に若干のずれが生じているが、基本的には同じように後肢を形成している。白い部分が指の骨格であり、色のついた部分が表皮や筋肉の部分を表している。肢の骨格のつくりは2種類の鳥類の間でほとんど一緒である。

では、どこが違うのか？　イラストに指の間で色がより濃く見えるところがあるだろう。その濃い部分は一度形成された後、発生が進むにつれて消失していく部分である。その部分がニワトリの方がより多く、アヒルでは少ない。その結果としてアヒルには水かきが残り、ニワトリは水かきがなくなる。

すなわち、ニワトリの場合も、発生のはじめには、不要な水かきの部分が一度は形成されるが、正常に形成された後、その指の間の組織・細胞が死ぬことで、水かきのない指が形成される。この現象こそが、前述したアポトーシスである。「プログラムされた細胞死」により、指の間の組織・細胞がなくなり、いわゆる水かきのない指が形成されたのだ。

それに対し、アヒルは指の間の細胞にアポトーシスが起きなかった、つまり、「プログラムされた細胞死」をしなかったため、指の間に水かきが残ったまま肢が形成された。

これは、ニワトリやアヒルのような生物だけに関することで、われわれヒトには関係ないと思われるかもしれないが、この現象は、われわれ哺乳類の

11 章　老化と寿命

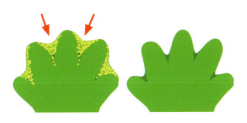

図 11-3　ヒトやネズミの手は？

手でも起きている。図 11-3 は特殊な手法でアポトーシスする細胞を黄色に染めたマウス胎児の手のイラストである。このイラストからもわかるように、じつは、哺乳類の手にも胚発生の初期には、図 11-3 の左側の手のように水かきがあった。しかし、その水かきが前述のアポトーシスという「プログラムされた細胞死」により、指の間の組織細胞がなくなり、いわゆる水かきのない指になった。イラストでは、赤の矢印で示した指の間にある黄色の細胞がアポトーシスにより消失して、右側のイラストのように水かきのない手が形成されたのである（図 11-3）。

このようにわれわれ哺乳類でも、一度形成した組織・細胞を「プログラムされた細胞死」により消失させるというアポトーシス現象を行って、からだづくりが行われている。

11.4　ネクローシスとアポトーシスの違い

このようなネクローシスやアポトーシスという 2 種類の死には何か違いがあり、この 2 つの死を区別することはできるのだろうか？

答えは「イエス」である。**ネクローシス**は、いわゆるわれわれが思い浮かべるような死であり、細胞などが秩序もなく壊れて死んでいく（図 11-4 上側）。それに対し、**アポトーシス**では、細胞は秩序だって小さな細胞小片（**アポトーシス小体**）としてちぎれるように壊されていくうえ（図 11-4 下側）、核も凝縮を開始し、核内の DNA も計画的に決まった大きさに切断される（図 11-5）。図 11-5 は、電気泳動という解析手法を用いて DNA を分離し、その切断 DNA の大きさを表している。信じがたいが、本当に計画的に死んでいくのだ。まさに、いらないものをきちんと整理・始末し「これまでお世話になりました」と言わんばかりに、自分の後始末をしっかりとすませて死んでいく。やはり、アポトーシスは遺伝子で運命づけられた計画的な死なのである。

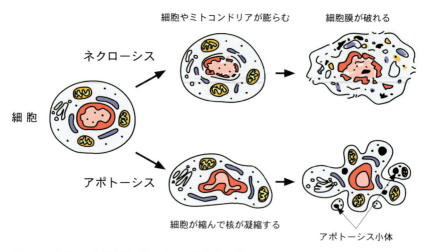

図 11-4 ネクローシスとアポトーシスの死に方の違い

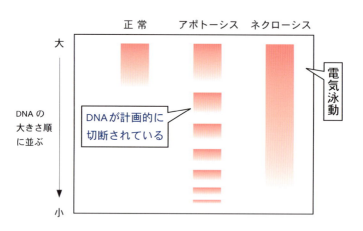

図 11-5 アポトーシスした細胞の DNA

11.5 アポトーシスの例 ── 死ぬからこそ生きる

▶▶ 11.5-1 カエルの変態

じつは、このような計画的な死であるアポトーシスは、指の間以外にも、他の生命現象としても起きている。カエルの変態はそのアポトーシスの典型

であるといわれている（図 11-6）カエルは一度オタマジャクシとして、魚のように水生生活に適応したからだを完成させ生活するが、その後、手足がはえ、しっぽがなくなり、陸生生活に適応したカエルへと変態する。つまり、この現象は、明らかに一度は完成した表皮や筋肉・神経などオタマジャクシのしっぽの組織・細胞を計画的に殺さなくては、成立しない（図 11-6）。

また、変態の際には、しっぽだけではなく、呼吸に関しても、エラ呼吸から肺呼吸へと変化する。魚と同じエラ呼吸をしていた組織・器官を壊し、新たにわれわれと同じような肺呼吸に変えてしまう。つまり、オタマジャクシは一度つくり上げた器官や組織を計画的に殺し、新しいものにつくり変えることで、カエルへと変態しているのだ。

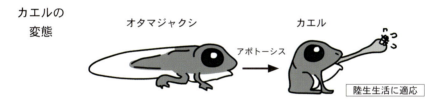

図 11-6　カエルの変態はアポトーシスだ！

ちなみに、気がついている人は少ないかもしれないが、オタマジャクシは草食動物であり、カエルは肉食動物である。外からは判断できないため仕方ないかもしれないが、草食系の消化器官から肉食系消化器官に入れ替えている。つまり、消化器系の組織・細胞さえもアポトーシスにより一度作り上げたものを壊し、新しいものにつくり替えている。せっかくつくり上げた立派な組織・器官をわざわざアポトーシスで壊し、新しいものをつくる……。生命は不思議なことばかりである。

▶▶ 11.5-2　神経のネットワーク

カエルは下等な脊椎動物で、変態するような動物だから特別にアポトーシスしているのだと思われるかもしれないが、じつはわれわれヒトの非常に重要な組織・細胞もアポトーシスなくしては完成できないこともわかっている。

その1つがヒトにとって最も重要な組織・細胞である脳の神経である。足

の小指を触れば、その小指だけが触られたとわかるが、それは標的細胞（感覚器）とその情報が伝えられる神経細胞の間に1対1対応ができているからである。この1対1対応が成立していないと、足の小指だけを触ったのに、脇腹や膝も触られたと感じるような混乱が起こる。この感覚器と神経細胞との1対1対応もアポトーシスによって形成されるのだ（図11-7）。

脳の形成

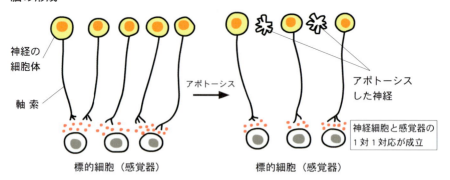

図 11-7　神経細胞のアポトーシス

　生まれた当初、われわれヒトの神経回路は、まだ神経細胞と感覚器が完全な1対1対応をしておらず、多くの神経が多くの感覚器に重複して神経線維を伸ばし、複雑な神経回路を形成する準備をしている。しかし、複雑な神経回路のネットワークを形成しようとするため、重複したネットワークがつくられすぎ、1対1対応が成立しなくなる。そこで、神経同士のコミュニケーションにより、不要な神経に対しアポトーシスを誘導（依頼？）し、神経細胞と感覚器などの間に1対1対応を完成させていく。

　この1対1対応からはずれた不必要な神経細胞や神経線維がアポトーシスを起こして死ぬことで、1対1対応が成立していくのだ。われわれヒトにとって非常に重要な脳の神経細胞さえも、アポトーシスなしでは成立・完成できない。アポトーシスという現象はそれほどに重要かつ頻繁に起きている生命現象である。

11.6 アポトーシスの実動部隊 ― カスパーゼ

アポトーシスの特徴としては、①最終的には同様の形態変化を起こしながら死んでいくこと、②決まった大きさの DNA 断片を形成しながら死んでいくこと、が挙げられる。このような特徴から、アポトーシスは「計画的な死」なのだから、さぞかし綿密な転写や翻訳で調整されているに違いないと思われる方も多いかもしれない。

しかしながら、この現象には、もう 1 つの興味深い特徴があり、通常の生命現象と違い、③新たな転写や翻訳が起こらないのだ。さらに驚くことには、この現象はたった 1 種類の**カスパーゼ**というタンパク質分解酵素によって引き起こされる。そして、その反応は血液凝固反応のときにも見られるようなカスケード反応といって、滝の水が上から下に流れ落ちるかのように、連鎖しながら起きていく。

詳しくは他の文献を参照していただきたいが、図 11-8 のように、不活性型プロカスパーゼが切断され、1 つの活性型カスパーゼが形成される。その活性型カスパーゼは次にいくつかの不活性型プロカスパーゼを活性化する。

プロカスパーゼの活性化

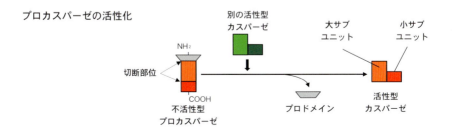

カスパーゼ活性化の連鎖

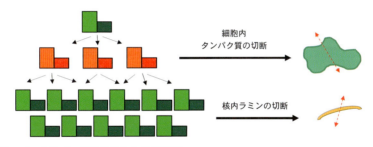

図 11-8　カスパーゼの活性化とその連鎖

この新たに活性化されたいくつかの活性型カスパーゼが、さらに多くの不活性型プロカスパーゼを活性化していく。このように活性化されたカスパーゼをねずみ算式に増していき、アポトーシスの準備を誘導していく。

このように、アポトーシスは既存の不活性型タンパク質分解酵素が活性型になるだけで、新しい転写や翻訳はいっさい起きていない。順次活性化されたそれぞれの活性型カスパーゼが、段階的にかつ順序だって細胞内のタンパク質を切断したり、核内のラミン構造物を切断する反応を進行させることで、アポトーシスが成立していくのである（図 11-8 下側）。

すなわち、プログラムされた死をする細胞は、あらかじめ死ぬためのカスパーゼを不活性型として準備し、いつでも死ねるようにしているわけだ。

11.7　アポトーシスの引き金

この「アポトーシスしなさい」という情報・連絡（引き金）はいつ何がどこから送るのだろうか？

あるときは、神経細胞のように、近隣の細胞から連絡が来る場合もあれば、またあるときには、オタマジャクシのしっぽのように死ぬべき細胞自身がその情報を送る場合もある。すなわち、アポトーシスの引き金は細胞の外側から来る場合と細胞の内側から来る場合の両方がある（図 11-9）。

細胞の外からの引き金は、たとえばキラー T 細胞（82 ページ）上の Fas リガンドという膜タンパク質と、アポトーシスを予定している細胞上の Fas タンパク質という受容体膜タンパク質とが結合することで引き起こされる。

また、細胞内からの引き金は、ミトコンドリア内に存在するヘムタンパク質であるシトクローム C の放出と、アダプタータンパク（Apaf-1）というタンパク質の結合により引き起こされる。細胞外からの引き金も細胞内からの引き金も最終的には類似した形でアポトーシスを進行させる（図 11-9）。

このように、ヒトの手や脳もアポトーシスという「死ぬことがプログラムされた死」により正常な形態や機能などが形成される（生まれる）。すなわち、「死ぬこと」さえも遺伝子で決められている。やはり、われわれのからだは不思議がいっぱいだ。

11章　老化と寿命

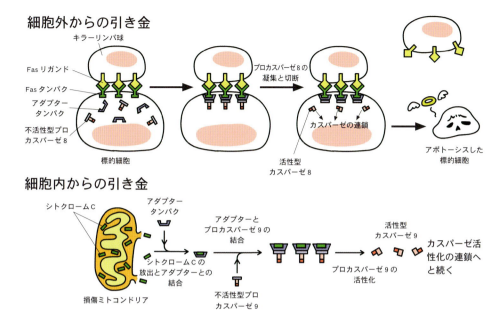

図 11-9　アポトーシスの引き金

11.8　老　化 ── すべての生物は老化するか？

　われわれヒトは老化するのは当然であると思っているが、老化とはどういう生命現象であるのか、また本当に必然的なものであるのかについて説明したい。古代より、不老不死の薬を求める王侯貴族の話があることからしても、ヒトにとって老化や死はさけられないものと考えられてきた。では、ヒト以外の生物も同じように老化するのだろうか？　子どもの童話にもよく出てくる、相談役のような「長老のサケ」や「長老のカブトムシ」が実際に存在するのだろうか？

　サケは生まれると、故郷の川をくだり、海に出て成長する。そして、川をのぼり、産卵する。そのサケは、「卵も産んだし、あとは老後を楽しもう」と、また海に帰っていくのだろうか？　また、カブトムシは、イモムシのような状態でブナやコナラの枯葉の下で冬を越し、大きくなる。春から初夏にかけてさなぎとなり、成虫になると地上に出てくる。そして、その夏の間に産卵

する。カブトムシも卵を産んだあと、「さあ、これから老後を楽しく過ごそう」と、秋の森の中に帰っていくだろうか？　そんなことはない。サケにしろ、カブトムシにしろ、卵を産んだあと、死んでいくのである。彼らに楽しい老後などないのだ。

このことからもわかるように、魚や昆虫などをはじめとした多くの生物に老化現象はないと考えられる。すなわち、老化とはヒトを含めた一部の生物にしかない現象かもしれないのだ。

老化を理解するうえで興味深い疾患がある。**プロジェリア症候群（ハッチンソン・ギルフォード症候群）**や**ウェルナー症候群**という早老症である。

11.9　早老症

▶▶ 11.9-1　プロジェリア症候群（ハッチンソン・ギルフォード症候群）

図 11-10 はプロジェリア症候群の患者のイラストである。プロジェリア症候群は、生後 1 年半ごろから成長速度が遅れ、身長は 1m、体重は 15kg 程度にしか成長せず、性成熟もない。4 歳くらいで頭髪も失い、皮膚も顔つきも老人のようになり、平均寿命が 13 歳程度という典型的な早老症という難病であった。

しかし、2003 年、この病気の原因が明らかにされた。原因は、ラミン A という核内の重要な構成成分タンパク質の遺伝子に点突然変異があることだった。たった 1 つの塩基が置換する点突然変異によって、**スプライシング**（107 ページ）という現象に異常が起こり、正常なラミン A タンパク質が合成されなくなるため、あのような早老症になってしまう。1 つの塩基が C から T に変わっただけで、それ以外はまったく異常がないのにである。ただ、興味深いことに、同じ突然変異が正常なヒトでも老化

図 11-10
プロジェリア症候群

とともに起きるといわれており、この遺伝子の異常が老化と密接にかかわっていることは明らかであろう。

▶▶ 11.9-2　ウェルナー症候群

ウェルナー症候群は常染色体劣性遺伝病で、15 〜 30 歳ごろに発症し、早期に白髪になり、老人特有の白内障、高脂血症、動脈硬化を引き起こす病気である。病気の進行が早い人だと、30 歳代で 60 歳代のような風貌や体質になっている。これは **DNA ヘリカーゼ** という DNA の二重らせん構造をほどくための酵素の異常により発症することがわかっている。この酵素は核で重要な働きをするのだが、細胞質でタンパク質としてつくられたあと、その細胞質から核内に移動することができないため、前述したような早老症になってしまうのである。酵素活性自体は正常であっても、適切な場所に戻り、そこで機能できなければ、老化の原因になるということだ。

これまで、2 つの早老症という病気を例にとり、老化現象に関して簡単に説明してきた。これらの病気から考えて、老化とはわれわれの遺伝子と密接にかかわっているうえ、その遺伝子である DNA が突然変異などで安定化していない状態で起きていることがわかる。つまり、老化とは遺伝子である DNA の安定性の乱れといえるのかもしれない。

11.10　老化とカロリー制限

老化や寿命に関しては、近年急速に研究が進んできており、クロトーや Sir2 というような老化や寿命に直接かかわる遺伝子さえも見つかってきている。

ここではその Sir2 と呼ばれる **サーチュイン遺伝子** を例に説明したい。Sir2 というタンパク質は、カロリー制限に関与しており、**クロマチン** という染色体の構造を活性型から不活性型にすることで、その生物体の寿命を 1.5 倍も長くできることがわかっている。

代謝という生命現象が老化と密接にかかわっており、カロリー制限をする

と、ストレス遺伝子などが働き、代謝が下がり、低い再生産活動となるため、結果として、カロリー制限のない正常な環境のヒトより長寿になる。逆に、カロリーを多く摂取し、インスリンやインスリン様成長因子（IGF-1）経路などによる高い代謝状態で生活していると、高い再生産活動は行われるが、増えすぎると細胞に損傷を与える**活性酸素**の蓄積や細胞分裂の亢進等を伴い、クロマチンなどの染色体の構造や遺伝子に異常をきたし、結果として早く老化が進行してしまう。つまり、このインスリンや IGF-1 とかかわる代謝経路に異常を引き起こさせ、極度のカロリー制限状態にすると、個体としてのからだは小さくなるが、その対価として寿命が 1.5 倍も延びることが明らかとなったのだ（図 11-11）。

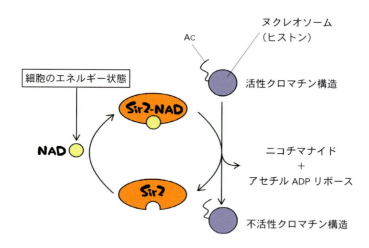

図 11-11　Sir2 はカロリー制限と関与している

　図 11-12 の 3 種類の生物のイラストで、それぞれ 2 つ並んだ同種の生物の小さい方がカロリー制限された生物であり、大きい方がカロリー制限のない正常体である。すべての生物種において、カロリー制限されたことで Sir2 遺伝子が作用した生物は、制限のない通常の個体よりも小さくなる。しかし、カロリー制限され、からだが小さくなった方は、正常サイズの方よりも、寿命が 1.5 倍も延びたのである。
　また、驚くべきことに、この寿命が延びる現象は単細胞である酵母から、

11章 老化と寿命

図 11-12　Sir2 はすべての生物に共通に存在している！

　ハエのような昆虫、そして哺乳類まで種を越えて共通に見られる現象であったのだ。すなわち、この現象は、地球上のすべての生物種に共通した Sir2 という 1 つの遺伝子によって引き起こされる。それにしても、この長寿にかかわる Sir2 という遺伝子が、哺乳類や昆虫のような高等生物ばかりではなく、単細胞生物である酵母にさえ存在し、その寿命にまでもかかわっていたことは驚異である。Sir2 に関する長寿現象は、ほとんどすべての生物に共通するメカニズムであったのだ。

　ちなみに、カロリー制限をしなければ生物は肥満になり、寿命が短くなるのではないかと思われるかもしれないが、そのようなことはまったくない。通常、われわれヒトやペット、家畜といった一部の生物以外、野生の生物が普通に生活して肥満になることがほとんどないことからもわかってもらえると思う。

　したがって、長生きするためには生物種を問わず、ある程度はカロリー制限した方がよい。逆にいえば、食べ過ぎる人はやはり長生きできないということになる。老化や寿命さえも遺伝子で決められているところもあるため、健康や若さを保つためには食べ過ぎはよくないのだ!!

　このように、生物や生命現象にはまだまだわからないことばかりである。そんな不思議をこれからも読者のみなさんと一緒に見ていけたらと願いつつ、このたびはこのあたりでペンをおきたい。

135

参考文献

序章

「Australopithecus ramidus, a new species of early hominid from Aramis, Ethiopia.」
（White Tim D., Suwa Gen, and Asfawi Berhane. (1994) 、『Nature』Vol.371: pp306-312 ）

1章

『基礎から学ぶ　生物学・細胞生物学　第3版』（和田勝、2015年、羊土社）
『理系総合のための生命科学　第3版　—分子・細胞・個体から知る生命のしくみ』（東京大学生命科学教科書編集委員会編、2013年、羊土社）

2章

『基礎から学ぶ　生物学・細胞生物学　第3版』（和田勝、2015年、羊土社）
『理系総合のための生命科学　第3版　—分子・細胞・個体から知る生命のしくみ』（東京大学生命科学教科書編集委員会編、2013年、羊土社）
『細胞の分子生物学　第5版』（Bruce Alberts・Julian Lewis ほか、中村桂子・松原謙一ほか監訳、2010年、Newton Press）

3章

『基礎から学ぶ　生物学・細胞生物学　第3版』（和田勝、2015年、羊土社）
『細胞の分子生物学　第5版』（Bruce Alberts・Julian Lewis ほか、中村桂子・松原謙一ほか監訳、2010年、Newton Press）
『理解しやすい生物Ⅰ・Ⅱ』（水野 丈夫・浅島 誠、2004年、文英堂）

4章

『ギルバート発生生物学　第10版』（Scott F.Gillbert、阿形清和・高橋淑子監訳、2015年、メディカル・サイエンス・インターナショナル社）
『Principles of Development』（Lewis Wolpert, Cheryll Tickle, Thomas Jessell、2010年、Oxford Univ. Press）
『基礎から学ぶ　生物学・細胞生物学　第3版』（和田勝、2015年、羊土社）
『細胞の分子生物学　第5版』（Bruce Alberts・Julian Lewis ほか、中村桂子・松原謙一ほか監訳、2010年、Newton Press）
『理解しやすい生物Ⅰ・Ⅱ』（水野 丈夫・浅島 誠、2004年、文英堂）

参考文献

5 章

『ギルバート発生生物学　第 10 版』（Scott F.Gillbert、阿形清和・高橋淑子監訳、2015 年、
メディカル・サイエンス・インターナショナル社）

『基礎から学ぶ　生物学・細胞生物学　第 3 版』（和田勝、2015 年、羊土社）

『細胞の分子生物学　第 5 版』（Bruce Alberts・Julian Lewis ほか、中村桂子・松原謙一
ほか監訳、2010 年、Newton Press）

『理解しやすい生物 I・II』（水野丈夫・浅島誠、2004 年、文英堂）

『Principles of Development』（Lewis Wolpert, Cheryll Tickle, Thomas Jessell、2010 年、
Oxford Univ. Press）

6 章

『ギルバート発生生物学　第 10 版』（Scott F.Gillbert、阿形清和・高橋淑子監訳、2015 年、
メディカル・サイエンス・インターナショナル社）

『基礎から学ぶ　生物学・細胞生物学　第 3 版』（和田勝、2015 年、羊土社）

『細胞の分子生物学　第 5 版』（Bruce Alberts・Julian Lewis ほか、中村桂子・松原謙一
ほか監訳、2010 年、Newton Press）

『Principles of Development』（Lewis Wolpert, Cheryll Tickle, Thomas Jessell、2010 年、
Oxford Univ. Press）

7 章

『ギルバート発生生物学　第 10 版』（Scott F.Gillbert、阿形清和・高橋淑子監訳、2015 年、
メディカル・サイエンス・インターナショナル社）

『基礎から学ぶ　生物学・細胞生物学　第 3 版』（和田勝、2015 年、羊土社）

『細胞の分子生物学　第 5 版』（Bruce Alberts・Julian Lewis ほか、中村桂子・松原謙一
ほか監訳、2010 年、Newton Press）

『Principles of Development』（Lewis Wolpert, Cheryll Tickle, Thomas Jessell、2010 年、
Oxford Univ. Press）

「Tbx5 and Tbx4 genes determine the wing/leg identity of limb buds.」（Takeuchi JK,
Koshiba-Takeuchi K, Matsumoto K, Vogel-Höpker A, Naitoh-Matsuo M, Ogura K,
Takahashi N, Yasuda K, Ogura T. (1999)、『Nature』Vol. 398: pp810-814.）

8 章

『基礎から学ぶ　生物学・細胞生物学　第 3 版』（和田勝、2015 年、羊土社）

『理系総合のための生命科学　第 3 版　—分子・細胞・個体から知る生命のしくみ』（東
京大学生命科学教科書編集委員会編、2013 年、羊土社）

137

9 章

『よくわかる遺伝学 －染色体と遺伝子─』（田中 一郎、1999 年、サイエンス社）

『理系総合のための生命科学 第 3 版 ─分子・細胞・個体から知る生命のしくみ』（東
京大学生命科学教科書編集委員会編、2013 年、羊土社）

『細胞の分子生物学 第 5 版』（Bruce Alberts・Julian Lewis ほか、中村桂子・松原謙一
ほか監訳、2010 年、Newton Press）

10 章

『基礎から学ぶ 生物学・細胞生物学 第 3 版』（和田勝、2015 年、羊土社）

『細胞の分子生物学 第 5 版』（Bruce Alberts・Julian Lewis ほか、中村桂子・松原謙一
ほか監訳、2010 年、Newton Press）

『理系総合のための生命科学 第 3 版 ─分子・細胞・個体から知る生命のしくみ』（東
京大学生命科学教科書編集委員会編、2013 年、羊土社）

11 章

『基礎から学ぶ 生物学・細胞生物学 第 3 版』（和田勝、2015 年、羊土社）

『細胞の分子生物学 第 5 版』（Bruce Alberts・Julian Lewis ほか、中村桂子・松原謙一
ほか監訳、2010 年、Newton Press）

『理系総合のための生命科学 第 3 版 ─分子・細胞・個体から知る生命のしくみ』（東
京大学生命科学教科書編集委員会編、2013 年、羊土社）

索　引

アルファベット

▶▶ B
B 細胞 ································ 76, 80

▶▶ C
CAT 療法 ····························· 86

▶▶ G
G0 期 ······························· 28
G1 期 ······························· 25
G2 期 ······························· 25

▶▶ D
DNA の半保存的複製 ············· 24
DNA ヘリカーゼ ·················· 133

▶▶ F
FGF ································· 71

▶▶ H
HOM-C 複合体 ····················· 63
Hox 遺伝子群 ······················ 63

▶▶ L
LAK 療法 ···························· 86

▶▶ M
M 期 ································· 25

▶▶ N
Na+ / K+-ATP アーゼ ············· 114
Na+ / K+ ポンプ ················· 114
NK 細胞　76, 78

▶▶ R
RNA ウイルス ······················ 91

▶▶ S
shh ································· 71
S 期 ································· 25

▶▶ T
T 細胞 ···························· 76, 80, 82

かな

▶▶ あ
アウストラロピテクス・アファーレンシス ·· 9
アクチンフィラメント ·············· 19
アセチルコリン ··················· 110
アセチルコリン依存性チャネル ····· 118
アデノシン三リン酸 ·············· 16, 21
アデノシン二リン酸 ················ 16
アドレナリン ····················· 110
アポトーシス ················· 123, 125
アポトーシス小体 ················· 125
アルディピテクス・ラミダス ·········· 9
アレルギー ························· 86
暗反応 ···························· 21

▶▶ い
緯割 ······························· 49
異形配偶子 ························· 33
遺伝子の再構築 ···················· 81
イントロン ···················· 94, 106

▶▶ う
ウィルヒョー ······················ 12
ウェルナー症候群 ················· 132
運動神経 ························· 108
運搬タンパク質 ···················· 20

▶▶ え
栄養生殖 ··························· 32
液性免疫 ··························· 82
エクソン ······················ 94, 106
壊死 ····························· 123
遠心性神経 ······················ 108

▶▶ お
オーガナイザー ···················· 53
オリゴデンドロサイト ············· 116

▶▶ か
外胚葉 ···························· 50
化学療法 ························· 105
核 ···························· 13, 14
核小体 ···························· 14

139

カスパーゼ	129
家族性網膜芽細胞腫	98
活性酸素	134
活動電位	43, 112, 115
滑面小胞体	17
過分極	115
顆粒球	76, 78
がん遺伝子	91, 97
感覚神経	108
がん原遺伝子	94
陥入	50
がん免疫療法	86
がん抑制遺伝子	97

▶▶ き

キアズマ	36
基質	16
逆転写酵素	91
求心性神経	108
極体	38
キラー T 細胞	82

▶▶ く

クエン酸回路	16
グラナ	21
グリア細胞	116
クリステ	16
クローン	33
クロマチン	133

▶▶ け

経割	49
形質細胞	80
原形質流動	18
減数分裂	25, 34, 35
原腸	50

▶▶ こ

好塩基球	78
恒温動物	59
光学顕微鏡	13
抗がん遺伝子	97
交感神経	109
後期	25
抗原抗体反応	77
光合成電子伝達系	21

交叉	36
好酸球	78
恒常性	59
後成説	48
抗体	77
好中球	78
興奮性神経伝達物質	118
個眼	64
骨髄	76
ゴルジ装置	17
コレステロール	20
コンピテンス	55

▶▶ さ

サーチュイン遺伝子	133
サイクリン	29
サイクリン依存性キナーゼ	29
サイトカイン	72
細胞	10, 11
細胞骨格	18, 19
細胞質	18
細胞質分裂期	25
細胞周期	28
細胞性免疫	83
細胞説	12
細胞体	111
細胞内共生	17
細胞内小器官	13
細胞分裂	19, 23
細胞壁	21
細胞膜	19
サブユニット	118
サプレッサー T 細胞	82
酸化的リン酸化	16

▶▶ し

肢芽	70
軸索	111
膝蓋腱反射	109
シナプス	110, 111
シナプス小胞	117
終期	25
修飾	18
終板	110
樹状突起	111
受精	33, 34

索引

受精波	45		**▶▶ た**		
受精膜	43		体液性免疫	82	
受精卵	33		体細胞分裂	25	
出芽	33		体性神経反射	109	
シュペーマン	52		多精拒否	43	
受動輸送	114, 115		多段階説	103	
受容体	20		脱分極	115	
シュライデン	12		端黄卵	50	
シュワン	12		単眼	64	
シュワン細胞	116		炭素同化反応	21	
小宇宙	8				
常染色体	15		**▶▶ ち**		
自律神経反射	109		チャネルタンパク質	20	
心黄卵	50		中間径フィラメント	19	
神経伝達物質	110		中期	25	
神経伝達物質依存性チャネル	117		中心体	27	
			中枢神経系	108	
▶▶ す			中胚葉	50	
ストロマ	21		中胚葉誘導	54	
スプライシング	107, 132		跳躍伝導	116	
▶▶ せ			**▶▶ て**		
精核	40		デオキシリボ核酸	14	
静止電位	112, 114		テロメア	89	
星状体	27		テロメラーゼ	89	
生殖	32		電子顕微鏡	13	
生殖細胞	35, 55		電子伝達系	16	
性染色体	15		転写調節因子	62	
接合	33		伝達	112, 117	
接合子	33		伝導	112	
線維芽細胞成長因子	71		点突然変異	96	
全割	50				
前期	25		**▶▶ と**		
染色体	14		等黄卵	50	
染色分体	35		同形配偶子	33	
前成説	48		動原体	27	
先体反応	42		特異的生体防御	77	
全等割	50		突然変異	59	
セントロメア	27				
			▶▶ な		
▶▶ そ			内胚葉	50	
造血幹細胞	76		ナチュラルキラー細胞	78	
相同染色体	15				
ソニック・ヘッジホッグ	71		**▶▶ に**		
粗面小胞体	17		二価染色体	35	
			二重らせん構造	15	

▶▶ ね
ネクローシス ……………………… 123, 125

▶▶ の
能動輸送 …………………………… 114
ノルアドレナリン ………………… 110

▶▶ は
配偶子 …………………………… 33, 40
胚葉 ………………………………… 50
パスツール ………………………… 12
発生 ………………………………… 48
ハッチンソン・ギルフォード症候群 …… 132
盤割 ………………………………… 50
反射 ………………………………… 109
反射弓 ……………………………… 110

▶▶ ひ
微小管 …………………………… 19, 27
ヒストン …………………………… 14
非特異的生体防御 ……………… 77, 80
表割 ………………………………… 50
表層回転 …………………………… 47

▶▶ ふ
賦活化 ……………………………… 46
複眼 ………………………………… 64
副交感神経 ………………………… 109
フック ……………………………… 11
不等（全）割 ……………………… 50
プロウイルス ……………………… 91
プロジェリア症候群 ……………… 132
プロモーター ……………………… 98
分化 …………………………… 50, 51, 88
分極 ………………………………… 115
分泌性細胞成長因子 ……………… 72

▶▶ へ
ヘッケル …………………………… 58
ヘルパー T 細胞 …………………… 82

▶▶ ほ
胞子 ………………………………… 33
放射線治療 ………………………… 105
紡錘糸 ……………………………… 26
紡錘体 ……………………………… 25

▶▶ ま
胞胚 ………………………………… 50
胞胚腔 ……………………………… 50
補体 ………………………………… 82
ホメオスタシス …………………… 59
ホメオティック突然変異 ………… 59
ホメオボックス ………………… 58, 59
ホメオボックス遺伝子群 ………… 60

▶▶ ま
膜タンパク質 ……………………… 19
膜電位 …………………………… 112, 115
マクロファージ ………………… 76, 78
末梢神経系 ………………………… 108

▶▶ み
ミエリン鞘 ………………………… 116
ミトコンドリア …………………… 16

▶▶ む
無性生殖 ………………………… 23, 32

▶▶ め
明反応 ……………………………… 21
メモリー細胞 ……………………… 80
免疫グロブリン …………………… 82

▶▶ ゆ
有性生殖 ………………………… 32, 40
誘導 ………………………………… 51

▶▶ よ
葉緑体 ……………………………… 21
抑制性神経伝達物質 ……………… 118

▶▶ ら
ランヴィエ絞輪 …………………… 116
卵核 ………………………………… 40
卵割 …………………………… 23, 49

▶▶ り
リボ核酸 …………………………… 15
リボソーム ………………………… 17
リン脂質二重層 …………………… 19
リンパ球 …………………………… 76
リンパ節 …………………………… 80
リンフォカイン …………………… 83

▶▶ れ

レーウェンフック ………………………………… 11

レトロウイルス ………………………………… 91

▶▶ わ

ワクチン ………………………………………… 85

芋川　浩
Yutaka Imokawa

　新潟県新津市生まれ。新潟平野でおいしいお米を食べて、すくすくと育った!?
高校卒業後、故郷を離れ、大阪大学大学院医学研究科、名古屋大学大学院理学研究科博士課程を経て、理学博士を取得。その後、岡崎国立共同研究機構・基礎生物学研究所（江口吾朗教授）にて日本学術振興会・特別研究員(PhD)、科学技術振興機構 ERATO 吉里再生機構プロジェクト・グループリーダー、University College London(UCL, Brockes 教授)の上級研究員、理化学研究所・発生再生総合科学研究センター（阿形清和ディレクター）の上級研究員を経て、2005 年福岡県立大学に赴任し、現在に至る。

　これまで、一貫して手足やレンズを再生できるイモリやアホロートル、切っても切っても体を元に戻せるプラナリアを使って、研究を進めている。日夜、ヒトはどうして手足を再生できないのか？　と問いながら、研究しているかたわら、独自で「スキンクリーム」を開発し、特許の取得にも成功した変わり者。

　いつか自分の研究が、医学・医療に貢献できる日を夢見ながら、イモリやプラナリアと毎日にらめっこをしている。

ライフサイエンス－生命の神秘

2016 年 4 月 11 日　第 1 刷発行
2019 年 4 月 10 日　第 3 刷発行

著　者　芋川　浩

発行所　図書出版木星舎
〒814-0002　福岡市早良区西新 7 丁目 1-58-207
TEL 092-833-7140　FAX 092-833-7141

印刷・製本　シナノ書籍印刷 株式会社
ISBN978-4-901483-83-4 C0045